旅行摄影入门到精通

行摄指导·器材设置·精巧构图·实拍案例

一白 编著

北京出版集团公司
北 京 出 版 社

图书在版编目（CIP）数据

微单旅行摄影入门到精通 ：超值版 / 一白编著. —
北京 ： 北京出版社，2016.8
ISBN 978-7-200-12383-8

Ⅰ. ①微… Ⅱ. ①一… Ⅲ. ①数字照相机—单镜头反
光照相机—摄影技术 Ⅳ. ①TB86 ②J41

中国版本图书馆 CIP 数据核字（2016）第207176 号

微单旅行摄影入门到精通 超值版
WEIDAN LÜXING SHEYING RUMEN DAO JINGTONG CHAOZHI BAN
一白 编著
*
北京出版集团公司
北京出版社 出版
（北京北三环中路 6 号）
邮政编码：100120
网 址：www.bph.com.cn
北京出版集团公司总发行
新华书店经销
北京华联印刷有限公司印刷
*
210 毫米 ×225 毫米 20 开本 12 印张 340 千字
2016 年 8 月第 1 版 2018 年 1 月第 2 次印刷
ISBN 978-7-200-12383-8
定价：59.00 元
（扫码附赠 2.5G 高清后期处理视频案例）
如有印装质量问题，由本社负责调换
质量监督电话：010-58572393

这一刻，微单
——带上微单去旅行

带上微单，去最美的地方，拍最美的风景。

曾有人说过，最幸福的生活方式，是一半时间在路上，一半时间在书房。每个人都想来一场说走就走的旅行，放下工作，忘记烦恼，说走就走，从自己活腻的地方到别人活腻的地方去，看别人习以为常的世界，过别人习以为常的生活。旅行的价值果真如此？眼界有限，记忆有限，在我们不能再任性地刻下“到此一游”的荒唐印记时，总要在我们走过的世界里留下些什么，而相机的普及给了我们最直接和最简单的留念方式。很多人的人生梦想，就此演变为去最美的地方，拍最美的风景，抑或自我追忆旅行时光，抑或分享给好友解解眼馋，总之，不拍照，无旅行。拍照，也许是我们能找到的最好的抒发旅行感悟的一种方式。

近几年微单相机技术的大幅度进步，使得我们可以拿起一款既轻便有型，成像质量又有保障的“武器”，去肆意妄为地拍摄旅途中的点滴。

这本书能提供什么？

较之卡片机，微单相机已经是一种比较成熟的摄影系统，有着各种强大的机身、丰富的镜头可供选择，足以应对各种场景的拍摄；而较之单反相机，则小巧、轻便了许多，使其成为旅行摄影的利器。这也是撰写本书的主要原因。

本书分为三大部分。

PART 1 主要介绍微单相机旅行的准备工作以及微单相机的基础操作，包括相机基础设置、测光操作、曝光操作及各种镜头的使用等内容。如果能掌握并加以运用这部分内容，就基本掌握了微单相机的使用方法。

PART 2 介绍了利用微单相机如何在旅行中合理构图、擅用光线和色彩。一张照片精彩与否，与构图、光线和色彩的关系很大。掌握了这部分内容，并在拍摄的时候加以运用，就可以大大提高照片的美观度，而不是仅仅停留在“照清楚”的层面上。

PART 3 是本书的重点，它汇集了近百个微单旅行摄影案例，从飞机、火车拍摄，到汽车、游船的拍摄，从自然风光、人物人文、风情建筑的拍摄，到各种动物、绚丽夜景的拍摄，几乎涵盖旅行摄影中的各个题材。案例的讲解中结合了微单旅行摄影的技法、大量实际问题等内容，可以说是讲练结合。

感谢彭建老师为本书提供了大量图片和指导。我真诚地希望这本书对读者而言是一本有价值、有触动的书。在看完本书后，我真挚地向各位读者发出倡议：走！这一刻，用微单记录旅行中的精彩和感动吧！

目录
Contents

视频使用说明

专题一
出发前需要做哪些准备

① 挑选适当的机身附件 019
② 镜头相关附件 022
③ 其他相关准备 025
④ 出行前准备各类资料 026
⑤ 制订拍摄计划 029
⑥ 做好旅行预算 031

专题二
旅行中照片的上传与分享

① 将照片快速导入手机或平板电脑 033
② 运用 AirDrop 功能快速与好友分享照片 035

目录 Contents

PART 1 微单基础

Chapter 1 正确操作与设置手中的微单

❶ 微单相机操作基础 040

微单相机 040

旅行中如何快速更换镜头 041

确保存储卡和电池安装到位 042

正确持握微单的方法 043

❷ 旅行摄影必须掌握的十大设置技巧 045

正确设置相机内部的时间 045

调整屏幕的亮度以适应环境 046

EVF 亮度与屈光度的调节 047

设置较短的待机时间 048

变化长宽比例以适应拍摄对象 049

变化照片的质量 050

关闭触屏快门 051

影像模式改变照片整体效果 052

打开辅助构图网格线 054

快速删除照片 055

Chapter 2

轻松上手拍出好照片

❶ 自动化的拍摄模式 058

全自动模式 058

夕阳模式 059

肖像模式 061

风景模式 061

运动模式 064

动作防抖模式 064

微距模式 065

夜景模式 066

手持夜景模式 067

夜景人像模式 068

全景模式 069

❷ 丰富滤镜省功夫 070

艺术滤镜对你的照片做了什么 070

追求艳丽感的浓郁色调效果 071

柔和、唯美的柔焦效果 072

淡化及增亮色调滤镜 072

简洁的怀旧照片颗粒效果 074

新奇的针孔相机效果 075

模型效果的微缩景观模式 075

保留单色的局部色彩模式 076

PART 2
艺术素养

Chapter 3
构图的窍门

❶ 构图的基本法则 080

❷ 实用构图方法 082

中央构图 082

井字形构图 083

棋盘式构图 084

水平线构图 085

垂直线构图 088

对角线构图 089

曲线构图 090

镜像构图 091

三角形构图 092

框架式构图 093

❸ 不同的取景角度 094

俯拍获得鸟瞰效果 094

仰拍夸大被摄体 095

平拍获得亲近自然感 097

Chapter 4

光线与色彩的运用

❶ 微单相机操作基础 100

善用自然光 100

巧用灯光 101

❷ 光质对于画面效果的影响 103

硬质光产生强烈对比 103

软质光的柔和细腻 104

❸ 理解光位的变化 105

顺光有利于呈现色彩 105

侧光有利于增强立体感 106

逆光获得剪影效果 107

特殊的顶光和底光 108

PART 3 边走边拍

Chapter 5

边走边拍　路上的风景

① 飞机上的拍摄技巧 112
如何获得最佳的座位 112
焦距合理的镜头 113
使用大光圈拍摄 113

② 火车上如何拍摄 114
设置合理快门速度 114
消除玻璃上的反光 114
注意器材安全 114

③ 汽车上如何拍摄 117
预先设置好焦点位置 117
减少抖动对画面的影响 118

④ 游船上如何拍摄 120
控制水面的反光 120
增加曝光补偿值 121

Chapter 6

边走边拍　自然风光

① 川西北高原的绿洲
若尔盖 124

② 中国红叶第一山
光雾山 126

③ 最美的色彩
东川红土地 132

④ 东方夏威夷
三亚 136

⑤ 大漠明珠
敦煌沙漠 140

⑥ 中国历史文化名村
丹巴 144

⑦ 洁白美丽的地方
甘孜 149

⑧ 东方的阿尔卑斯
四姑娘山 152

⑨ 真正的大地艺术
元阳梯田 154

⑩ 喀纳斯的明珠
禾木 156

⑪ 窗含西岭千秋雪
西岭雪山 158

⑫ 绿色宝地
神农架原始丛林 160

⑬ 丝绸之路要冲
吐鲁番盆地 162

⑭ 九寨归来不看水
九寨沟 164

⑮ 中国最大观景平台
牛背山 166

⑯ 大理母亲湖
洱海 168

⑰ 群山之子
三奥雪山 170

⑱ 中国最深的湖泊
长白山天池 172

⑲ 川西摄影天堂
新都桥 174

⑳ 上帝抛洒人间的项链
马尔代夫 176

Chapter 7

边走边拍　人物人文

① 运用光线的典型
赶马人 182

② 异域的纯粹童真
新疆街头儿童 183

③ 千年的传承
制陶人 185

④ 天使般的笑容
学校里的孩子 187

⑤ 寻找行走的感觉
与众不同的纪念照 188

⑥ 旁若无人的旅行
巧妙自拍合影 189

⑦ 抓住旅行中的瞬间
巧妙抓拍旅行人物 191

⑧ 绚丽之岛
巴厘岛 192

目录 Contents

Chapter 8

边走边拍　风情建筑

① 最接近天堂的地方
色达　196

② 感受虔诚信仰
藏区　198

③ 感受中华古韵
古朴寺庙建筑　200

④ 万国建筑博览
鼓浪屿　202

⑤ 山水人文秀美之地
徽州　204

⑥ 国家历史文化名城
山城重庆　205

⑦ 鱼米之乡，丝绸之府
乌镇　207

Chapter 9

边走边拍　各种动物

① 路上偶遇的宠物宝贝

猫猫狗狗　210

② 顽皮悦动的小精灵

猴子　213

③ 纵马奔驰大草原

草原马匹　215

④ 风吹草低见牛羊

羊群　217

⑤ 细微处的古灵精怪

昆虫　220

Chapter 10

边走边拍　绚丽夜景

① 四川盆地里的明珠

成都夜景　224

② 冬日里的夜色

哈尔滨街头夜景　228

③ 夜色中的巍峨壮美

圣·索菲亚大教堂夜景　231

④ 花城之光

广州夜景　233

附录

附赠视频目录

第一章 硬性修图
1-1 改变构图比例
1-2 裁剪到指定尺寸
1-3 裁剪并修正照片倾斜
1-4 校正建筑物的透视变形
1-5 去除照片上的日期
1-6 去除多余的景物
1-7 去除多余的人物
1-8 图像的仿制和修改工具
1-9 扶正倾斜的照片

第二章 照片的色彩调整
2-1 颜色的加深和减淡工具
2-2 应用色阶调整照片色调
2-3 使用曲线调整影调
2-4 使用色彩平衡调整特定颜色
2-5 应用色相饱和度调整色彩鲜艳度
2-6 通过替换颜色更换照片局部色彩
2-7 使用照片滤镜调整整体色调
2-8 通过可选颜色精细调整部分色彩
2-9 通过通道混合器快速变换季节
2-10 应用匹配颜色统一多幅照片色调
2-11 使用渐变映射制作双色调照片
2-12 调整图层蒙版编辑设置部分暗调
2-13 使用图层混合模式修复灰蒙蒙照片
2-14 通过图层剪贴蒙版制作梦幻照片

第三章 修正照片中不适宜的光
3-1 修正逆光的照片
3-2 修正曝光过度的照片
3-3 修正曝光不足的照片
3-4 修正侧光造成的面部局部亮面
3-5 去除脸部的油光
3-6 校正边角失光的照片
3-7 去除眼镜上的反光
3-8 去除人物红眼
3-9 照片偏色的处理
3-10 调整褪色的彩色照片
3-11 消除照片中的不适宜的反光

第四章　老照片的修补

4-1 消除划痕和缺角

4-2 去除旧照片污迹

4-3 为旧照片增色

4-4 对有笔迹的老照片色彩进行修复

4-5 还原照片原本的颜色

4-6 修补破损的老照片

4-7 清晰化模糊的照片

第五章　照片色调的美化

5-1 魅力光影特效

5-2 为照片增加温暖色调

5-3 增加照片的聚光灯效果

5-4 改变照片的整体色调

5-5 让照片色彩更饱满

5-6 通过渐变映射

5-7 通过降低全图饱和度

5-8 使用通道混合器产生黑白照片

5-9 使用 LAB 明度通道分离

5-10 制作高浓度的黑白照片

5-11 使用历史记录上色

5-12 使用画笔工具上色

5-13 使用渐变工具上色

5-14 使用色相饱和度为照片上色

5-15 使用照片滤镜为照片上色

第六章　抠图的应用

6-1 使用色彩范围命令抠出整体

6-2 使用钢笔工具精确抠图

6-3 使用通道抠出人物发丝

6-4 抠出半透明的人物婚纱技巧

第七章　锐化的应用

7-1 USM 锐化

7-2 应用通道和滤镜使照片变清晰化

7-3 使用高反差保留法锐化

7-4 计算命令的高级应用

7-5 应用图像命令的高级应用

第八章　人像的美容

8-1 去除脸部瑕疵

8-2 消除眼袋

8-3 修整眉毛

8-4 矫正牙齿

8-5 改变人物发色

8-6 为眼部添加彩妆

8-7 打造大眼 MM

8-8 加长眼睫毛

8-9 改变人物瞳孔颜色
8-10 美化人物唇色
8-11 美白皮肤
8-12 让皮肤变光滑
8-13 为人物瘦身
8-14 校正倾斜的肩膀
8-15 改善身体曲线

第九章　合成与添加效果
9-1 用自动对齐图层命令合成照片
9-2 用蒙版拼接全景照片
9-3 设置有层次的天空图像
9-4 替换天空——色彩范围法
9-5 替换天空——通道选择法
9-6 用颜色替换将枯草变得郁郁葱葱
9-7 制作雪景效果
9-8 使用点状化滤镜制作飘雪效果
9-9 制作彩虹效果
9-10 制作闪电效果
9-11 制作 LOMO 风格暗角效果
9-12 设置照片的柔焦效果
9-13 普通照片的梦幻效果
9-14 仿鱼眼镜拍摄效果
9-15 制作动感模糊效果
9-16 制作反转片胶片效果
9-17 透明泡泡效果
9-18 制作仿旧效果的照片
9-19 在文字内镶图像
9-20 为照片添加个性文字效果
9-21 制作杂志封面效果
9-22 添加旅行心情文字
9-23 绘制并为照片添加时尚图形
9-24 打造超现实艺术照片
9-25 为人物添加个性纹身
9-26 在衣服上添加图案效果
9-27 为人物换脸
9-28 海市蜃楼效果
9-29 合成梦幻壁纸效果
9-30 合成阳光明媚的早晨
9-31 合成人物与动物的合照

第十章　图片的存储与输出
10-1 设定版权信息
10-2 专业的数码装裱技术
10-3 存储为 Web 网页格式
10-4 输出为 PDF 文件
10-5 在一个文档内打印不同尺寸照片
10-6 精确定位的打印功能

视频使用说明

第一步　打开手机／网页微信，打开添加朋友选项，单击“公众号”，搜索“iqulai”，便可找到“杜蒙旅行”，加关注。或直接扫描右侧二维码，即可关注。

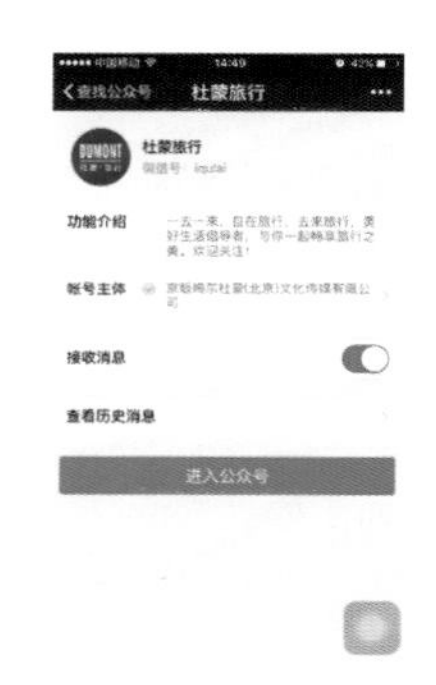

第二步　关注后，在“杜蒙旅行”公共账号的主页面，回复“SPBPGMD”，即可获得视频的云盘地址和下载密码。

第三步　打开电脑，手动输入第二步获得的云盘网页地址，输入下载密码，打开云盘，即可下载全部视频的压缩包。

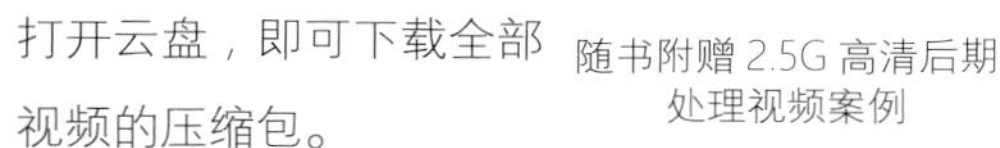

随书附赠 2.5G 高清后期处理视频案例

第四步　下载并安装解压软件“WinRAR”即可解压视频压缩包。

第五步　下载视频观看软件“暴风影音”，选取第四步解压的视频文件右击，选择“打开方式”选项，选中“暴风影音”并“单击”，即可观看。

专题一
出发前需要做哪些准备

1 挑选适当的机身附件

备用存储卡和电池

旅行摄影中有很多变数，通常拍摄者无法准确地估计出一天的拍摄量。因此，为了避免出现没有电或是存储卡空间耗尽的情况，应该事先准备好备用电池和存储卡。

备用电池的选购方面，建议购买原装电池。电池对于相机非常重要，如果电池的质量存在问题，轻则影响到相机的正常使用，重则导致安全事故，而购买正品原装电池则可以确保电池质量，减少风险。另外，正品原装电池也可以使电池容量得到保证，一些品牌电池可能会存在电池容量虚标的问题。根据笔者的经验，一块或两块备用电池就可满足一天的拍摄，除非旅行摄影的地区缺少基础电力设施，不能每天进行充电，否则没有必要购买太多的备用电池。

对于存储卡来说，首先要购买速度较快的存储卡，这样既利于连拍，也利于照片的查看和导出。存储卡上通常标有两种速度，一是写入速度，二是读取速度。对于拍摄来说，更加重要的是写入速度。而读取速度主要影响照片从存储卡导入电脑中的时间。

其次，与其购买一张大容量的存储卡，不如购买好几张一般容量的存储卡。这个道理就和鸡蛋不要放在一个篮子里一样，万一旅途中出现存储卡丢失或损坏的情况，至少不会损失掉全部照片。

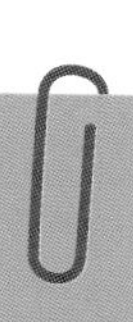

如果旅行中以飞机作为交通工具，请注意，按照我国民航部门目前的规定，锂电池必须随身携带，不能进行托运，而微单相机使用的都是锂电池，所以这种电池不能放入行李箱托运。在随身携带的时候，为了避免通过安检时引起不必要的麻烦，建议事先用小号塑料袋将这些备用电池封装好，并放入登机行李的外侧，方便机场安检人员检查。

轻便三脚架

旅行三脚架

三脚架具有三根脚管，展开之后可以获得一个非常稳定的拍摄平台。旅行摄影更加需要注意三脚架的以下几个参数。

❶ 重量

三脚架的重量轻一些，携带起来会比较省力，但通常最好为相机重量的 1.5 倍以上，否则安装上相机后，可能会出现“头重脚轻”的问题。

❷ 收纳长度

三脚架在不使用的时候，需要收起来，这时的长度非常重要。这个收纳长度将影响到它所占用的行李空间。

❸ 最大工作高度

当完全展开三脚架后，三脚架高度称为最大工作高度。这个高度越高，相机获得的视角变化的可能性也就越大。

独脚架

独脚架也是一种稳定工具，单从稳定性来看，独脚架比三脚架差很多，因为它只能提供一根脚管，无法形成三脚架那样非常平稳的拍摄平台。

拍摄说明

通常当快门速度低于1/10s之后，水流就会产生明显的雾化效果。这里拍摄者将快门速度设置为1/2s，使用手持拍摄已经不可能获得清晰的照片，于是将相机安装到三脚架上，在稳定的三脚架支持下，得到了清晰的照片。拍摄的时候如果没有快门线或是遥控装置，按动快门时一定要轻缓一些，尽量减少按动快门时产生的机身震动。

独脚架

在旅行摄影中，通常不需要同时携带三脚架和独脚架，二者之间选择一个即可。拍摄者事先对拍摄的需求进行一番评估，如果没有夜景、水流、星空等需要长时间曝光的拍摄内容，则可以不必携带三脚架，只携带一个独脚架，以便应付一些弱光场合。

除了可以保持相对的稳定之外，独脚架还有其他功能。

❶ 灯架

可以将闪光灯安装到独脚架上，通过无线引闪控制闪光灯，从而获得更丰富的光线照明效果。

❷ 特殊角度拍摄

由于整体轻便，将微单安装到独脚架上后，拍摄者可以将相机高高举起，或伸到一些不能落脚的地方拍摄，获得特殊的拍摄视角，也可以用于自拍。

❸ 登山杖

在一些山区进行旅行摄影的时候，如果山路崎岖，坚固耐用的独脚架还可以充当登山杖使用。

旅行摄影包

摄影包主要有三种规格：拉杆摄影包、双肩摄影包和单肩摄影包。这三种摄影包各自有着不同的特点。

❶ 拉杆摄影包

这种摄影包的容量很大，对于摄影器材的防护也极佳。并且由于采用拉杆箱式的设计，移动起来非常轻松。但是一旦遭遇崎岖地面，这种摄影包就会带来不便。如果拍摄者的器材数量不多，也没有必要使用这种大容量的摄影包。从旅行安全的角度看，这种摄影包的外形太过显眼，也容易引起不法分子的注意，安全性并不是很高。

❷ 双肩摄影包

双肩摄影包是一种比较适合旅行摄影使用的摄影包。双肩摄影包的容量适中，当器材比较多的时候，可以全部用来装满器材，而当器材不是很多的时候，则可以将行李与器材混装。双肩包最大的好处是对环境的适应性强，不像拉杆摄影包对路面有一定要求。另外，这种摄影包由双肩背负，重量平均分摊，能减轻拍摄者负重。

❸ 单肩摄影包

单肩摄影包小巧，轻便灵活，但它容量较小，单肩背也不适合长时间背负，否则容易疲劳。因此，这种摄影包无法作为主力包使用，更多

双肩摄影包

拉杆摄影包

单肩摄影包

的是与双肩包或是拉杆摄影包搭配，作为短时间或短途的附包使用。

综合来看，如果行李和器材比较多，可以采用拉杆摄影包与单肩摄影包相配合的方式，到达目的地后改用单肩摄影包装载必要的器材。而如果行李和器材比较少，则可以使用双肩摄影包，简单方便，随身背负也不会有太大负担。

还有一种腰包式的摄影包，可以系在腰间，适合放镜头或小配件，方便更换或取用。但这种腰包的安全性较差，位置在腰部，拍摄者不容易注意到，比较容易被盗。

2 镜头相关附件

起到防护作用的 UV 镜

UV 镜最初的作用是阻挡紫外线，但这个功能对于包括微单相机在内的数码相机来说已经没有太大意义。我们之所以在旅行摄影中使用 UV 镜，是为了保护镜头。

常见的 UV 镜

UV 镜和其他所有圆形滤镜一样，具有一个螺纹口。将它安装到镜头前端对应的螺纹口上即可。有了 UV 镜的阻挡后，外部的灰尘、雨水等，或是意外的碰伤、划伤等都会被 UV 镜阻挡，从而避免了镜头前端镜片组的损伤。

没有使用 CPL 偏振镜的拍摄效果

必备的偏振镜

偏振镜目前主要是指 CPL 滤镜。从功能上说，偏振镜的作用主要是消除反光，例如玻璃上或是水面的反光，因此在旅行摄影中，偏振镜的作用很大。当拍摄者隔着玻璃拍摄，或是希望拍摄水下画面的时候，就需要用到偏振镜。此外，偏振镜还能让天空看上去更蓝。使用偏振镜，需要一边旋转镜片，一边观察画面，当旋转到位的时候，反光就会被消除。

CPL 偏振镜

使用 CPL 偏振镜后的拍摄效果

拍摄说明

拍摄者使用了CPL偏振镜，将水面的反光部分消除，从而让水底的细节展现出来，增加了画面整体的层次感。

挑选滤镜的时候，要注意滤镜上标注的直径是否与镜头的滤镜口直径相同，如果不同，将无法安装。

中灰渐变镜

中灰渐变镜较为常用，从镜片颜色上看，它可以分为两部分：一部分镜片颜色比较深，作用是阻挡光线；另一部分镜片则是完全透明的，不会阻挡光线。

中灰渐变镜

通常在大光比场景中会用到中灰渐变镜，例如地面远远没有天空光线好的大晴天。使用时，将中灰渐变镜不透明的部分对准天空，用于削弱天空的亮度；将透明的部分对准地面，以保持地面的正常曝光，从而拍摄到天空和地面曝光都准确的照片。

中灰渐变镜有圆形和方形两种，圆形渐变镜携带和使用都比较方便，但它的明暗分界线固定在画面的中央，不能随意移动。方形中灰渐变镜需要有滤镜架才能使用，但优点是可以任意移动，从而调整明暗分界线的位置。

拍摄说明

拍摄倒影的时候，由于倒影是反射出来的景象，亮度会比较低，这里拍摄者使用中灰渐变镜，压暗了上部的亮度，从而获得明暗更加均匀的倒影照片。

合适的遮光罩

遮光罩的结构非常简单，材质通常为金属或塑料，通过一个专用卡口连接到镜头的前端。遮光罩的主要作用是避免产生眩光。

什么是眩光？要回答这个问题，先要了解一下镜头内部的情况。我们使用的微单镜头是由玻璃或类似的透明材质构成，但这些材质并不是百分之百透光，有少许光线会被这些材质反射。而镜头中往往具有很多小镜片，这些小镜片反射的光线就形成了眩光。当外部光线直射镜头的时候，眩光看起来就会特别明显。使用遮光罩，则可以阻挡部分直射进入镜头内的光线，从而减少眩光。

没有使用遮光罩拍摄的画面

适用于长焦镜头的遮光罩

适用于广角镜头的遮光罩

使用遮光罩后，画面中的眩光消失

上页末所示是两种不同款式的遮光罩，分别适用于长焦镜头与广角镜头。通常某型号的镜头会有与之固定搭配的遮光罩可以选购。

3 其他相关准备

备机的选择

在旅行摄影过程中，最好准备一台备用的相机。因为旅行摄影的周期往往较长，而且处于陌生环境中，一旦相机出现故障，很可能不能及时维修，所以需要备机以备不时之需。

通常可以选择便携数码相机作为备机，负担比较小，节省行囊的空间，同时又比较轻便。此外，选择便携数码相机作为备机，在功能上可以与微单相机形成互补。相对于微单相机来说，便携数码相机有非常强大的微距拍摄能力，并且有些便携数码相机还具有防水功能。

电脑的选择

如果旅行的时间比较长，可以携带一台笔记本电脑或是平板电脑，以便旅途中处理照片或是备份照片。那么究竟是携带笔记本电脑还是平板电脑呢?

笔记本电脑的优点首先体现在硬件性能上，可以比较完善地处理好照片，屏幕也比较大，方便查看照片细节。其次是备份空间方面，笔记本电脑的硬盘空间比较充裕，管理文件也十分方便。因此只是从实用性来看，携带笔记本电脑是很好的选择。

笔记本电脑的缺点首先是比较沉重，并且电源线会占据不小的空间。其次，笔记本电脑不能采用 USB 接口供电，而所需要的三相插座也不是随时都能找到。最后，在某些场合拿出笔记本电脑过于招摇，对于旅行安全可能存在隐患。

平板电脑的优点是轻便小巧，每天随身携带也不会有明显的负担。另外平板电脑上丰富的照片处理程序也能够简单快速地完成照片修饰。平板电脑的缺点是功能不够强大，无法完全代替笔记本电脑处理照片。此外，平板电脑的存储空间也很有限，不利于备份旅行中拍摄的照片。

有一些人认为相机中的照片无法复制到平板电脑中，其实不然。通过专用的读卡器，苹果公司的iPad和大部分Android系统的平板电脑都可以读取相机存储卡中的照片，并将这些照片保存到平板电脑的存储空间。

轻松负载相机

购买微单相机后，通常会得到一根附送的背带。很多拍摄者因此将微单挂在脖子上，这样对于短期拍摄不会有什么影响，但是如果长时间拍摄，会增大身体的负担，导致颈部酸痛。

如果是旅行摄影的话，更推荐使用快装装置，将微单相机安装在腰带或者是双肩包的背带上，不仅取用方便，更可以减轻颈部的负担。

这种快装装置分为两部分，一部分安装到相机底部，另一部分安装到腰带或者肩带上，使用时将相机快速挂装到相应的位置即可。

使用这种快装装置，可以快速取用相机，不仅适合微单相机，也适合单反相机

4 出行前准备各类资料

中国内地旅游的必备证件

在中国内地旅游最重要的证件是身份证。乘坐交通工具和住宿酒店都需要出示身份证。在有些地区或是特殊时期，可能会遇到当地警察检查身份证的情况，此时如果没有携带身份证，可能会陷入麻烦，影响行程。

有些旅游地区属于我国边境或非完全开放区域，例如西藏部分景区。因此，旅行者进入此地区旅游参观必须办理边境证，否则不能进入。对于持有有效护照，且此护照办理过出境签证的拍摄者，可以免办边境证。旅行者凭个人身份证到户籍所在地的派出所即可办理，比较简单。如果部分派出所因没有办过而不予办理，可先到旅游局联络处开具旅游证明，这样可以避免麻烦。

证明书

Certificate

This is to certify that, on ______ at ______ the ______ has reached the altiyude of ______ above sea level on an expedition to peak ______ of Mout

中华人民共和国西藏自治区登山协会

THE MOUNTAINEERING ASSOCIATION OF TIBET AUTONOMOUS REGION OF THE PEOPE'S REPUBLIC OF CHINA

登山证

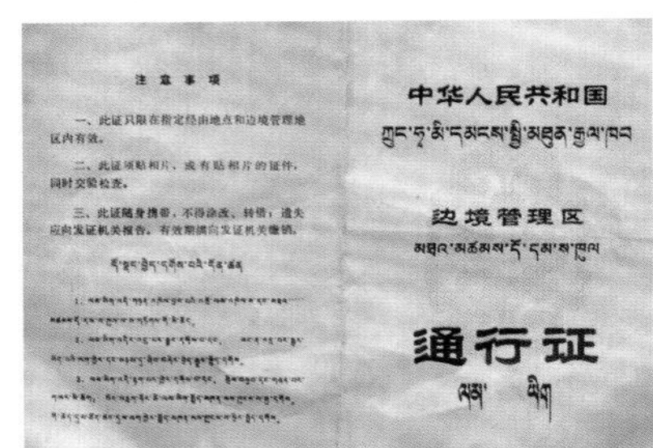

注意事项

一、此证只限在指定经由地点和边境管理地区内有效。

二、此证须贴相片，或有贴相片的证件，同时交验检查。

三、此证随身携带，不得涂改、转借，遗失应向发证机关报告。有效期满向发证机关缴销。

中华人民共和国

边境管理区

通行证

边境通行证

另外如果涉及登山，可能还需要办

理登山证。以西藏为例，凡到西藏境内登山探险的团体和个人，都需要向西藏自治区登山协会提出申请报告，内容包括：攀登山峰名称、攀登时间、攀登路线、人数以及进出路线。申请报告被批准后，可以办理相关的登山证。

港澳游的必备证件

港澳游的必备证件是港澳通行证，它是前往我国香港、澳门两个地区所必须使用的证件，有效期为 5 年，办理费用为 100 元左右，且每次办理都需要加办签注页，最多为香港两次签注，澳门一次签注，每个签注 20 元，签注有效期为一年，办理时间是 15 个工作日。办了签注如果一年内不出行，有效期过后就自动作废，下一次需要时需重新办理，此证件首次办理需要本人携带有效证件，通行证有效期内办理签注者可以托人代为办理。需要格外注意的是，若要前往港、澳地区旅游，通行证和签注缺一不可。

如果只是途经香港、澳门转机，例如从香港转机到日本，那么是不需要办理港澳通行证和相关签注的，只需要持护照和机票即可进入香港。

赴台旅游的必备证件

前往中国台湾地区旅游，需要两个证件。首先是“大陆居民往来台湾通行证”，有效期为 5 年。此外，在这个通行证上，还需要办理个人旅游签注（G 签注），有效期为 6 个月。持证人在台湾停留时间自入境台湾次日起不得超过 15 日。

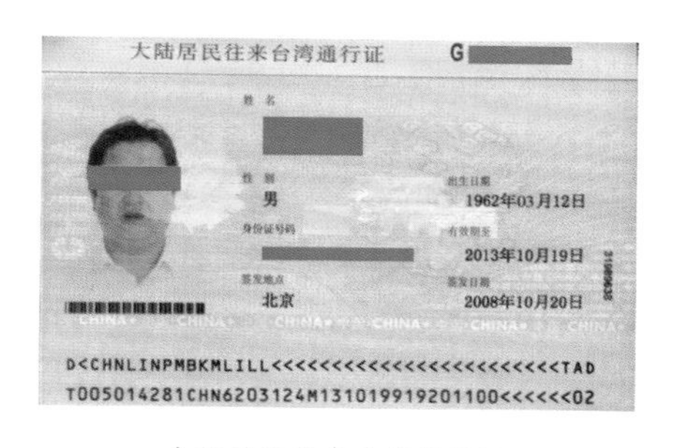

大陆居民往来台湾通行证

台湾通行证有效期不足 3 个月时，出入境管理局不受理签注申请，不予出境，证件持有人可自行前往出入境管理局办理通行证延期手续。如首次办理“大陆居民往来台湾通行证”，需要本人前去出入境办理此证及加注 G 签，出证后可请人代领；如已有“大陆居民往来台湾通行证”，仅需加注 G 签，则可委托他人代为送签。

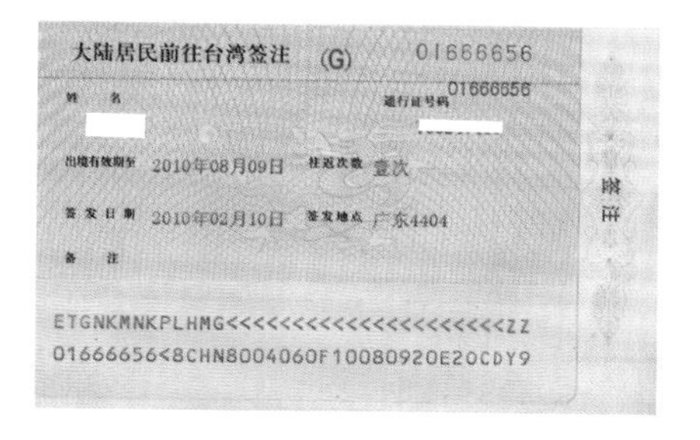

大陆居民前往台湾签注

海外游的必备证件

海外游首先需要的是护照。护照是一个国家的公民出入本国国境和到国外旅行或居留时，由本国发给的一种证明该公民国籍和身份的合法证件。出国旅游不需要身份证，无论是机场、边检还是国外的海关、移民局等机构都不会查询旅游者的国内身份证，取而代之的是护照。订机票、酒店的时候，也需要护照。因此如果有出国游的打算，最先需要办理的证件就是护照。

除了由中国政府颁发的中华人民共和国护照，在他国入境和出境的时候，当地政府还会检查另一个文件——签证。签证通常是由旅游目的地国驻中国大使馆颁发，旅行者要同时持有护照和签证文件，才能顺利进入国外旅行，在签证规定的时间内，旅行者必须返回中国。签证文件只是在出入境的时候使用，旅行过程中不会用到，注意妥善保存。

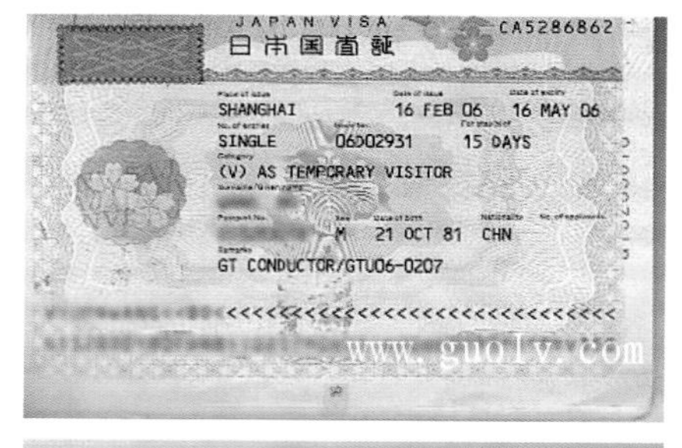

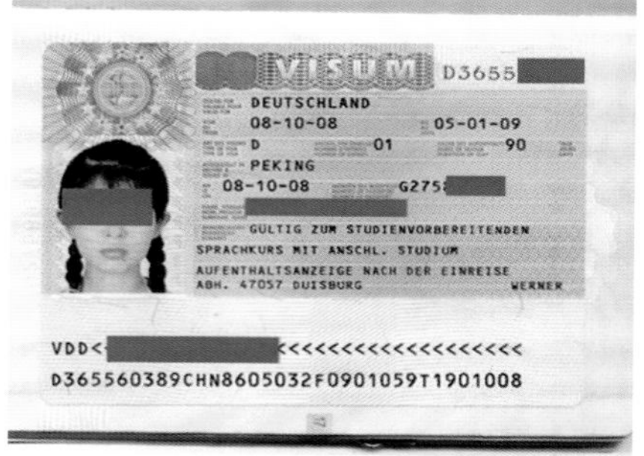

向日本驻华大使馆申请后得到的日本签证，有这样的签证文件才能进出日本境内

携带翔实的旅游攻略

除了各种证件外，旅行者还要携带各种旅游攻略资料。这里先提一下资料的存放形式，虽然目前手机、平板电脑等通信设备发达，在这些设备上查阅资料也很方便，但仍然建议旅行者事先将资料打印出来，以纸质文件的方式携带，至少不能完全依赖电子版。

要获取翔实的旅游攻略，有多种途径。首先，可以多利用网络上的免费资源，基本上各国都有针对海外游客的旅游网站，上面有非常翔实的旅游信息。旅行者可通过搜索引擎查询到这些网站，并将上面的信息打印出来。

除了旅游目的地的官网旅游网站外，还有很多民间旅游网站，旅行者可以在这些网站上交换旅游信息、撰写旅游攻略等，通过这些网站可以获得大量的第一手资料。

其次，可以考虑购买专业的旅游攻略书籍，攻略书的好处是旅游信息更加具体、系统，查询起来比较方便。如果前往非英语国家旅游，那么在挑选旅游攻略书的时候，要注意书籍上是否有相应的景点、街道名称的英文或中文译名，以方便旅行者向当地人询问。

有些国家对中国公民实行免签政策。还有一些国家对中国公民实行落地签政策，即抵达该国后再办理签证。近年来，泰国对于中国游客实行了免签证费政策，需要注意这种政策并不是免签，只是不需要缴纳签证费用，因此还是要准备好签证所需材料。

5 制订拍摄计划

明确拍摄地点的方位

拍摄地点的方位十分重要，这在预订酒店环节就需要考虑到，整个行程安排也要考虑到方位因素。

要确定方位，主要依赖地图，相对来说网络上的地图资源使用起来更加方便。下面，让我以前往海南三亚拍摄的亲身体验来介绍如何明确拍摄地点的朝向，以及相关的好处。首先我们搜索出三亚市的卫星视图，如下图所示，可以判断出三亚市的基本朝向。我此行的目的之一是拍摄日落，因此，拍摄地点最好是能够面朝西方，并且西方没有太多遮挡，这样才能拍到漂亮的海景日落。亚龙湾的名声很大，但是从下图中的朝向来看，朝向南方太阳会被山脉挡住，因此既不适合拍摄日出，也不适合拍摄日落。

另外两个备选地点是三亚湾与鹿回头公园。从地图上看，三亚湾可以拍摄日落，但是由于海滩朝向问题，可以想象到最终的照片左侧是落日、大海，右侧则必然是沙滩。相比之下，鹿回头公园更加适合拍摄日落。首先从地图上看它是山地区域，可登高望远，在这个地方拍摄遮挡会比较少；其次，通过地图观察，在鹿回头公园向西眺望会看到东岛，那么可以想象，构图的时候也许可以运用这个小岛作为画面中的视觉中心，避免大海日落的照片显得单调空洞。最终，通过对地形和朝向的研究，我选择在鹿回头公园拍摄日落。

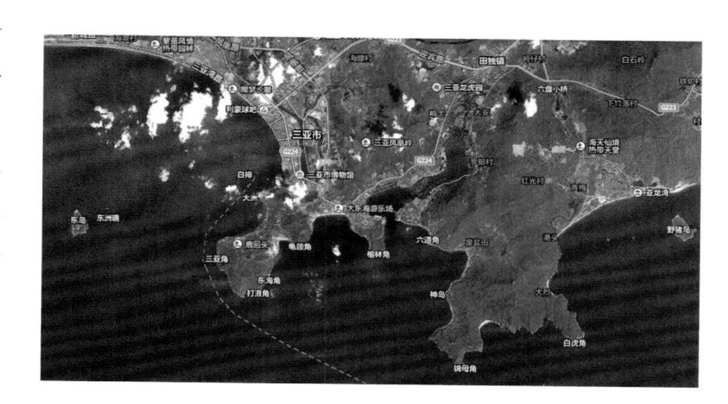

网络搜索引擎提供的当地卫星地图

指定恰当的拍摄时间

恰当的拍摄时间，要结合当地的地形地貌、朝向等特点来决定，是一个需要综合考虑的因素。总体来说，可以从两方面进行把握，第一，对于自然风景类的区域来说，日出和日落时是重点拍摄时间，也可以说是最佳的拍摄时间，如果精力允许，每天的日出和日落最好都不要错过。而具体什么地点适合在日出时拍摄，什么地点适合在日落时拍摄，就要结合拍摄方位的知识来考虑。第二，对于城市地区来说，不要忽略夜晚。华灯初上的城市夜景往往也是分外美丽，值得拍摄。

以图表的形式做出计划

对于制订好的计划，以 Excel 表格的形式来展现是比较理想的，这样可以随时修改，也可以减少很多计算的工作量。

	A	B	C
1		10月29日	10月30日
2		星期三	星期四
3	上午		士林官邸（9月30日预订）
4	午饭		淡水
5	下午	成都-台北	淡水（淡水捷运站-淡江中学-淡水老街-渔人码头-官渡码头）
6	晚餐	飞机餐	
7	晚上	华西街夜市	饶河夜市
8	宵夜		
9	住宿	台北	台北
10			日落：17:15
11	备注		

	A	B	C	D	E	F	G
1	项目	详细	详细	花费			最终费用（RMB结算）
2				RMB	NTD	折扣	
3	机票	成都-澳门-台北	机票				
4	证件	台湾通行证					
5	证件	入台证					
6	吃	101欣叶台菜					
7	玩	潜水					
8	住宿	台北住宿	10月29日-31日				
9	住宿	台中住宿	11月1日				
10	住宿	高雄住宿	11月2日				
11	住宿	垦丁住宿	11月3日-4日				
12	住宿	绿岛住宿	11月5日				

通过图表形式详细记录行程、时间、预算等计划

拍摄说明

对于这样的城市夜景来说，方向性显得不是那么重要，重要的是拍摄时间的安排，如果行程上在夜晚能够经过这样的区域，就能拍摄到理想的照片。

6 做好旅行预算

了解当地的公共交通信息

对于旅行者而言，一个地区的公共交通信息是首先需要了解的，公共交通往往价格低廉，并且在很多地区，公共交通站点同时也是旅游服务中心，因此乘坐公共交通工具是一种比较理想的出行方式。

去一个地区旅游，可能会用到的公共交通方式主要有公交车、地铁、火车、轮船和飞机。短距离移动的时候，公交车和地铁比较常用，因此务必事先了解清楚它们的乘坐方式与价格，做好预算和线路规划。

中远距离移动的时候，火车、轮船和飞机更常用。但是这些交通工具往往有不同的班次，因此要充分利用互联网，事先进行班次查询，并进行网上预订。相对来说机票比较好解决，而火车票、船票则可以在当地的官方网站上查询班次、价格等信息，做好预算和预订工作。

您的查詢結果

台北站 ▸ 台中站　2014/11/13(周四)　11:30 出發　　檢視 2014/11/13 時刻表（含南下/北上車次）

車次	出發時間	抵達時間	備註
0143	11:30	12:19	
0645	11:36	12:35	
0649	12:00	12:58	
0151	12:30	13:19	
0653	12:36	13:35	
0657	13:00	13:58	
0159	13:30	14:19	
0661	13:36	14:35	
0701	14:00	14:58	
0203	14:30	15:19	

較早班次　較晚班次

台湾地区高铁支持24小时网络查询与订票，可以看到车次、出发时间和抵达时间

不一定要提前预订住宿

很多旅行者习惯提前预订好住宿，以免到达目的地后奔波寻找。其实从省钱的角度来看，这样未必最好。实际上很多国家和地区的酒店业十分发达，不会经常出现国内那样酒店住房紧张的情况。如果旅游目的地是东南亚地区，则建议“到

店议价”。根据笔者的经验，到店后再与店家商量价格，往往可以得到低于网上预订的价格。当然，建议旅行者事先通过网络预订平台了解该酒店的大体价格范围。

在跨国预订车票、船票的时候，需要准备一张VISA卡，因为国内流行的银联标准并非在大部分国家通用。

考虑时节对餐饮价格的影响

餐饮价格也是预算的重要部分，不同食材在不同时节里往往价格差异很大，尤其是海鲜，如果事先功课做得不好，可能会增加不必要的成本。从时节上看，海鲜产品受季节影响很大，以国内为例，通常 7、8 月份海鲜产量会大一些，但 7、8 月份同时又是旅游旺季，所以海鲜价格不一定会低。而 4 月份尽管海鲜产量不如 7、8 月份，不过游客比较少，因此价格更划算。

景点门票省钱大法

对于国内的景点来说，比较适合大众的省钱方法是多关注团购网站，团购价往往会比在景点门口购票得到的优惠更多。此外，如果有可以省钱的证件，请带在身上，如学生证、教师证、军官证等，也许会享受到折价票的优惠。

有一些国家或者地区，可能会有一些在当地实行的优惠政策或特殊证件，如果想购买到优惠门票，可以事先在当地官方网站上进行查询，并事先进行申请。如下图所示，是台湾地区为 15 ~ 30 周岁青年颁发的青年旅游卡，不仅可以用于购买五折景点门票，预订酒店、火车票还会享有特殊优惠。

台湾青年旅游卡

专题二
旅行中照片的上传与分享

1 将照片快速导入手机或平板电脑

将照片快速导入手机或平板电脑主要依靠相机的 Wi-Fi 传输功能。这个功能的基本原理是相机生成一个 Wi-Fi 局域网络，手机或平板电脑联入这个网络后，就可以读取相机存储卡内的照片，并将这些照片保存到手机或是平板电脑中。这里以索尼微单为例进行介绍。

您还可以通过 Photoshop 后期处理，导出不同类型的图片。
详情参见本书赠送视频：
第十章 \10-3 存储为 Web 网页格式
\10-4 输出为 PDF 文件

首先要在手机的软件商店中找到索尼的 Wi-Fi 客户端，搜索 Play Memories Mobile，并进行安装。也可以在相机官方网站查找客户端软件

接下来，在手机设置中找到 NFC 选项，并勾选"允许手机在接触其他设备时交换数据"

NFC 是一种可以方便快捷交换数据的方式，手机与相机轻轻碰触就可以交换设置信息，让手机方便地联入相机的 Wi-Fi 网络中。但不是所有手机都有 NFC 功能，对于没有这个功能的手机来说，只能通过相机的设置菜单来手动设置网络。

在相机打开 Wi-Fi 功能时相机进入寻找手机连接的状态

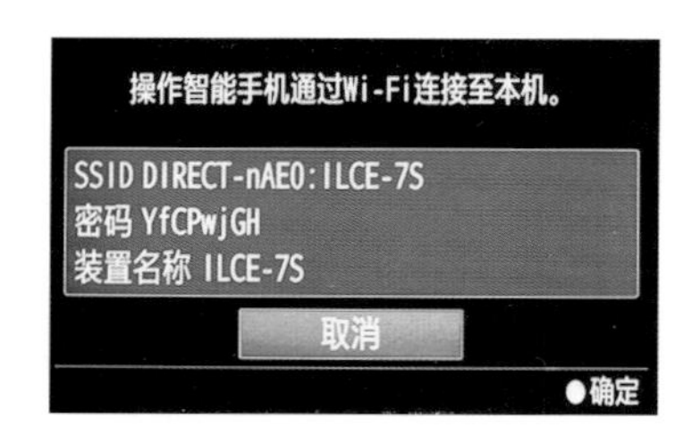

拍摄者可以根据相机中提示的网络名称与密码，让手机连入相机的 Wi-Fi 网络

对于具有 NFC 功能的手机来说，直接碰触一下相机即可连入相机的 Wi-Fi 网络，跳过输入密码的步骤

在手机上的 Play Memories 软件中，轻触或长按照片，即可将照片保存到手机

2 运用 AirDrop 功能快速与好友分享照片

AirDrop 是苹果公司推出的一种快速文件传播功能，对于苹果手机和平板电脑来说，iPhone 5 之后推出的设备才支持 AirDrop；对于苹果电脑来说，2008 年之后推出的电脑均支持 AirDrop。AirDrop 是一种近距离无线传输功能，它一方面具有极快的传输速度，另一方面又操作简便，无须进行复杂的设置，这里以 iPad mini 为例进行介绍。

在主界面上找到“照片”图标，并用手指单击

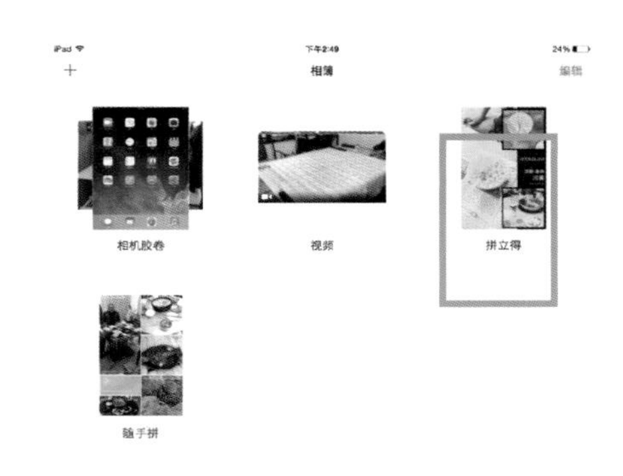

找到相应的相册，这里我们单击一个已经存在的“拼立得”相册

打开这个相册后，再单击需要上传的照片

AirDrop 是不需要通过互联网进行文件传输的。有人将 AirDrop 理解为一种类似于 QQ 软件传输文件的方式其实是不准确的。只要两台设备均支持 AirDrop，并且二者保持在一定的距离内，就可以通过 AirDrop 进行文件传输。

打开图片后，在左下方会有一个上传按钮，单击它

在上传界面中，单击 AirDrop 按钮

成功之后，系统会显示 AirDrop 已经进入了发送状态

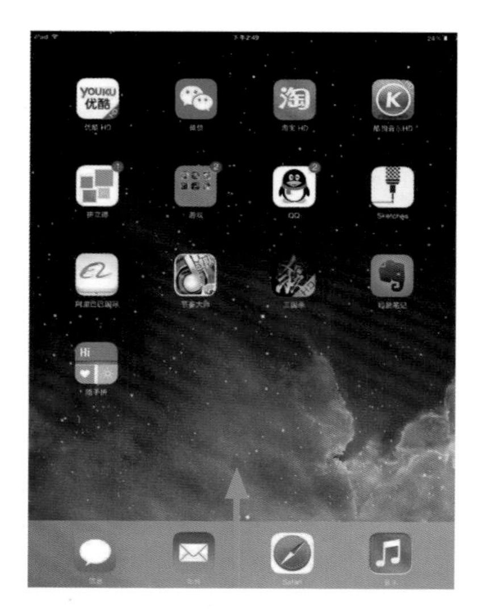

此图为需要接收照片的设备，沿着箭头方向向上滑动，随后会弹出菜单

在弹出的菜单中单击“所有人”，表示面向所有人接收文件

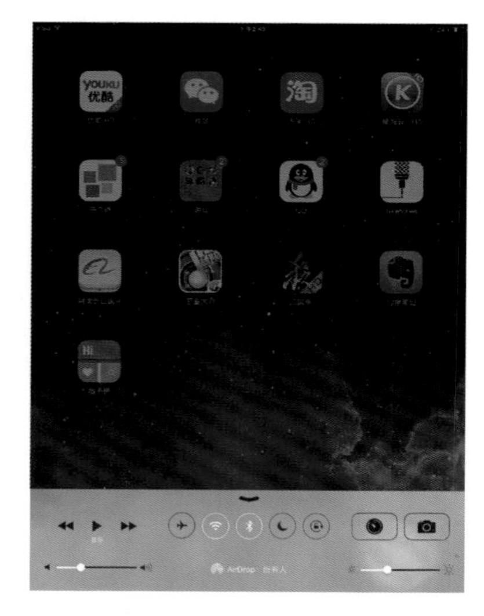

AirDrop 的状态显示为“所有人”，表示成功打开了 AirDrop，稍后即可接收文件

PART 1
微单基础

Chapter 1 正确操作与设置手中的微单
Chapter 2 轻松上手拍出好照片

微单相机的操作相对于数码单反相机来说简单了许多，不过考虑到一些读者可能没有仔细阅读说明书，或是之前没有相机操作的经验，所以本章还是从比较基础的操作入手，先介绍微单相机的基本布局、如何更换镜头、存储卡和电池的安装等内容。

本章的后半部分会介绍微单相机的十大设置技巧，包括正确设置相机内部的时间、调整屏幕的亮度以适应环境、电子取景器（EVF）屈光度的调节、设置较短的待机时间等。掌握这些设置技巧，可以让微单相机更好地工作，也能为后面的拍摄打好硬件设置方面的基础，使相机更加易于操作。

Chapter 1 正确操作与设置手中的微单

微单相机操作基础

微单相机的操作相对简单，在了解其基础操作之前，先要对微单相机的布局有一定的了解。需要特别注意的是，微单相机大多采用触摸屏，因此可以通过触摸屏幕来实现一些操作。此外，像更换镜头、电池、存储卡这些操作也应该熟练掌握。

微单相机

微单相机的主要操作集中在机身背面，正面和顶部也有少量的操作按钮。这里介绍机身布局的时候，采用的是相机说明书中的惯用名称，方便拍摄者查阅说明书时能够更好地与之相对应。下面通过两张图片，展示微单相机的整体布局。

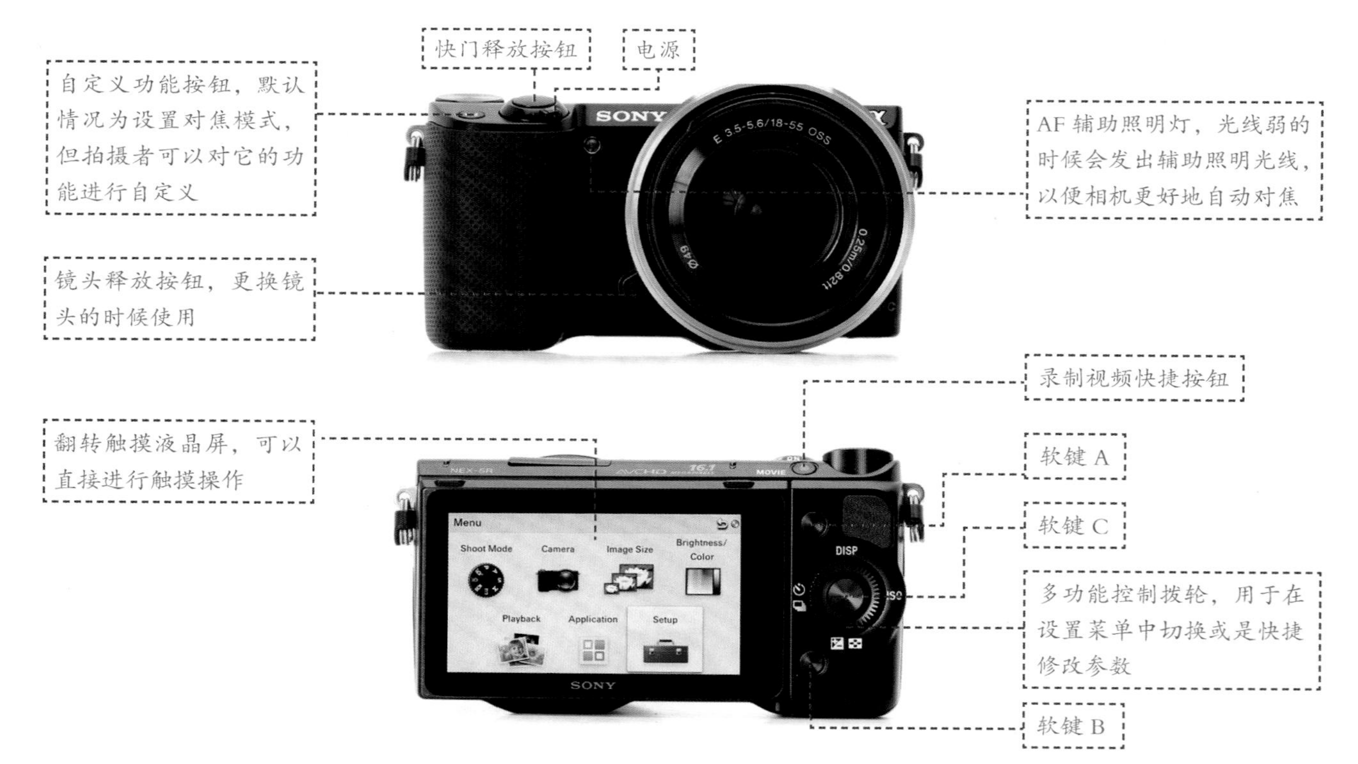

触摸屏非常方便，但是有些情况下它可能会失灵，如拍摄者戴了手套，或者是手比较潮湿的时候。因此，对于相机的操作不能完全依赖触摸屏，熟悉相机物理按键的功能也是非常重要的。

旅行中如何快速更换镜头

更换镜头是相机操作的基本功，需要熟练掌握，做到能够快速更换镜头。更换镜头最好在无风且灰尘较少的地方，以免镜头或是机身内部进灰。

如右上图所示，安装镜头的时候，首先要找到镜头上的白色小圆点，这是安装位置的参考标志。如右中图所示，在机身的镜头卡口的位置上也找到一个小圆点。

如右下图所示，将镜头上的小圆点对准机身卡口上的小圆点，将镜头插入机身卡口，然后轻轻旋转到尽头，即可安装好镜头。需要取下镜头的时候，按住镜头释放按钮，旋转镜头并拔出即可。

确保存储卡和电池安装到位

微单相机为了缩小体积，存储卡与电池仓往往设置在同一个地方，并且大都位于手柄内部。安装的时候，注意电池和存储卡一定要安装到位，通常相机内会有一个卡口用于锁紧电池和存储卡。

在电池仓下方找到推锁，向右推开这个锁定装置后，电池仓会自动弹开，可以分别看到安装电池的位置与安装存储卡的卡槽

将电池的触点朝里，推入电池仓直至底部。安装存储卡的时候，要注意分清楚正反面，以正确的方向插入存储卡槽

电池不太可能装反。不过存储卡由于外壳比较软，如果安装时用力过大，即使装反了也有可能察觉不到，所以要特别注意分清正反面。

正确持握微单的方法

正确持握相机是使用相机最重要的基本功，而这常常被初学者忽略，如果持握相机不稳定，就会导致拍摄的照片模糊。对于微单相机来说，它的重量、外形都与单反相机有一定的区别，因此，在持握方面有一些特别之处。

首先微单相机的重量比较轻，只使用右手就可以轻松持握，如右图所示。右手持握的时候，拇指可以按住相机的背面，食指自然伸到相机快门按钮附近，以便进行对焦或是拍摄，其余三指则紧抓相机的手柄，保持稳定。这个时候，左手轻轻托住相机的镜头即可，如果镜头非常小巧，左手也可以托住机身左侧。

持握相机的只是手，但是端相机稳不稳，不仅仅是手的问题，拍摄者下半身的姿势也非常重要。当站立拍摄的时候，拍摄者应该双脚自然分开，形成一个弓步，如下左图和下中图所示。而当拍摄者下蹲拍摄的时候，则可以采用如下右图所示的姿势，这样手肘可以与膝盖连接形成稳定支撑。

右手持握微单相机时的正确姿势

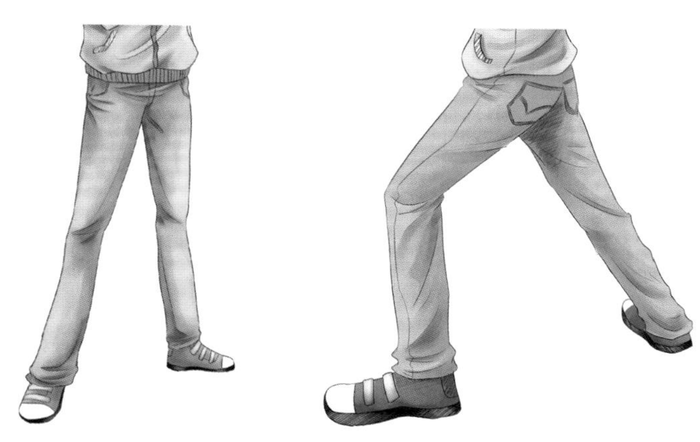

站立拍摄时下半身的姿势

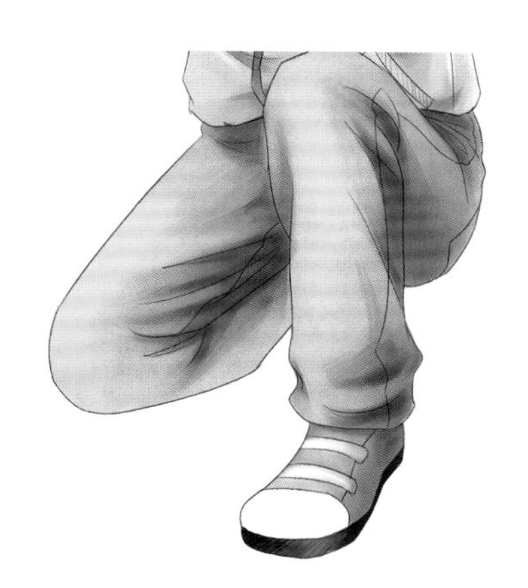

下蹲拍摄时下半身的姿势

快门：1/12s
光圈：f/5.6
ISO：400
测光模式：评价测光
曝光补偿：–0.5EV

拍摄说明

拍摄夜景时，光线较弱，拍摄者采用了正确的拍摄姿势，并倚靠在围栏上，获得了更好的稳定性。

从稳定性的角度看，微单较小的体积和较轻的重量其实不利于机身稳定，因此在光线不好的环境中拍摄时，一定要打开相机的防抖功能，并且寻找可以依靠或支撑的物体，进一步增强稳定性。

旅行摄影必须掌握的十大设置技巧

工欲善其事，必先利其器，微单相机的智能化程度很高，功能十分丰富，但我们发现很多使用者并没有真正设置好微单相机的功能。所以这里结合实际使用情况，选取了一些与旅行摄影相关的设置功能为大家做介绍。

正确设置相机内部的时间

正确设置相机内部的时间对于整理照片来说很有帮助。首先，在照片文件信息中会看到正确的拍摄日期和时间；其次，在电脑操作系统或是专业后期处理软件里，我们都可以按照日期和时间对照片进行分类或排序，这样在编写游记或是整理照片时将会非常方便。

设置相机内部的时间其实包含了三个部分，一是夏时制的设置，二是日期时间的设置，三是时区的设置。

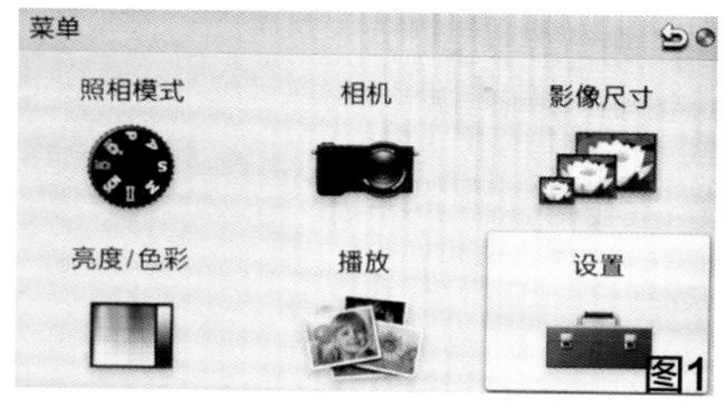

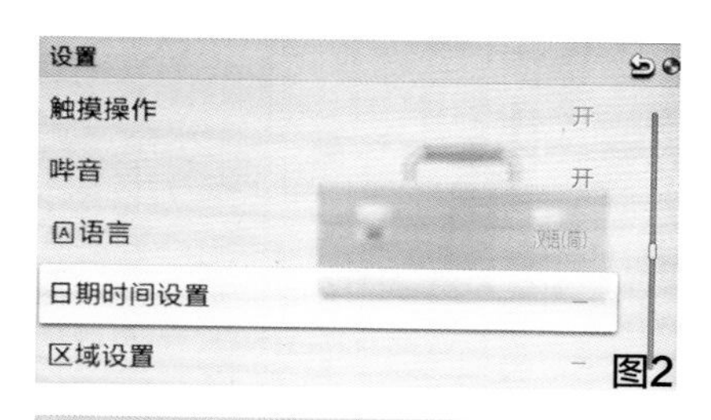

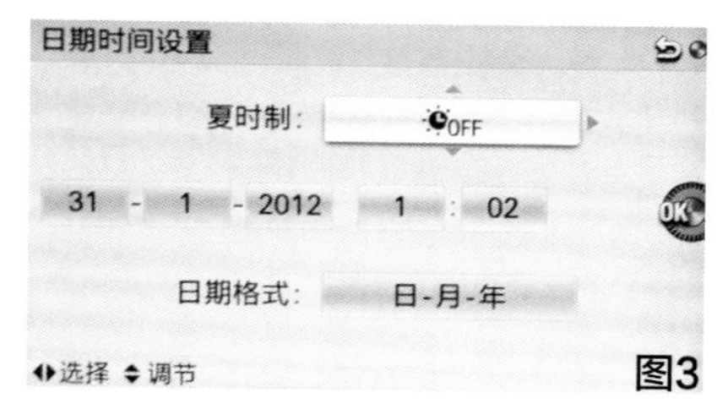

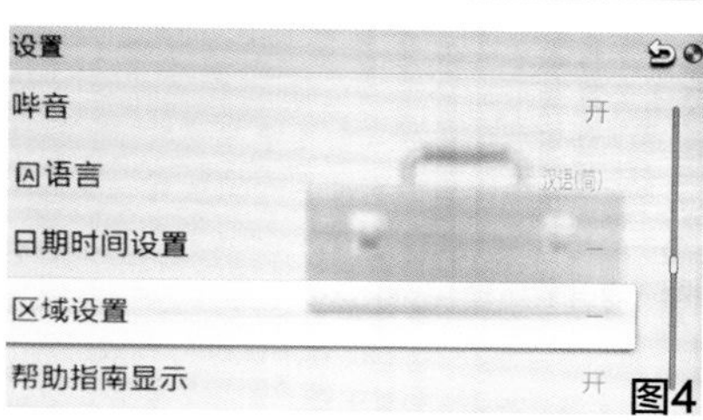

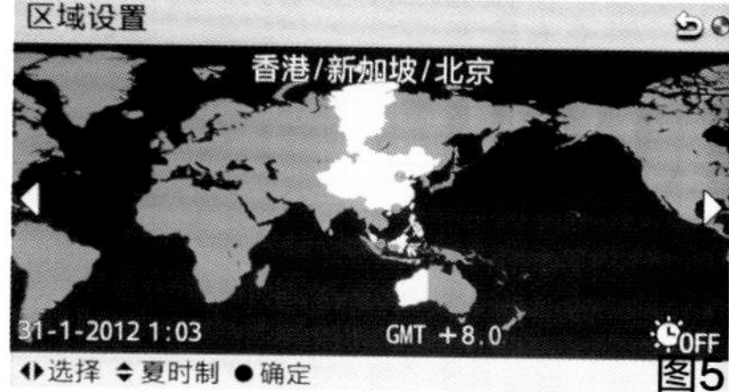

如图 1 所示，首先在“菜单”中找到“设置”项并进入

如图 2 所示，选择“日期时间设置”选项并进入

如图 3 所示，如果前往没有夏时制的地区，设置“夏时制”为 OFF。设置好正确的日期与时间

如图 4 所示，返回上一级菜单后，选择“区域设置”并进入

如图 5 所示，设置区域为“香港 / 新加坡 / 北京”并确定

因为照片是按照拍摄时间排序，所以如果携带多台相机进行旅行摄影，要尽量确保多台相机时间一致，这样在整理多台相机拍摄的照片时，才能按照拍摄顺序正确排列。

调整屏幕的亮度以适应环境

大部分微单相机只能采用液晶屏进行取景，但由此产生一个问题，在光线比较明亮的环境中，往往看不清液晶屏上的内容。好在微单相机提供了解决方法，允许拍摄者通过设置来增加液晶屏的亮度。当拍摄者在明亮的环境中拍摄时，如果看不清液晶屏上的取景画面，就可以按照如下方法，增加液晶屏的亮度。

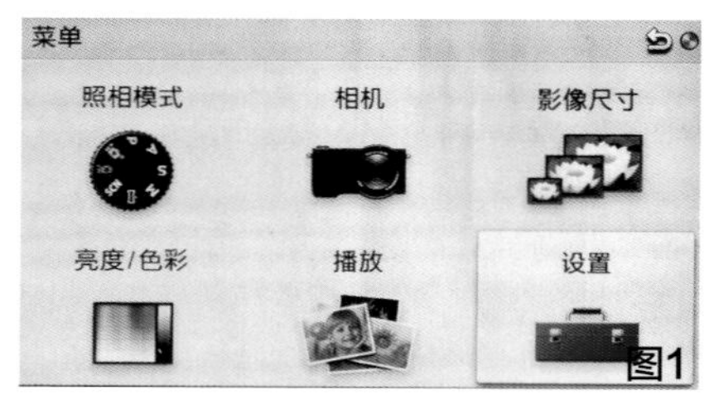

图1

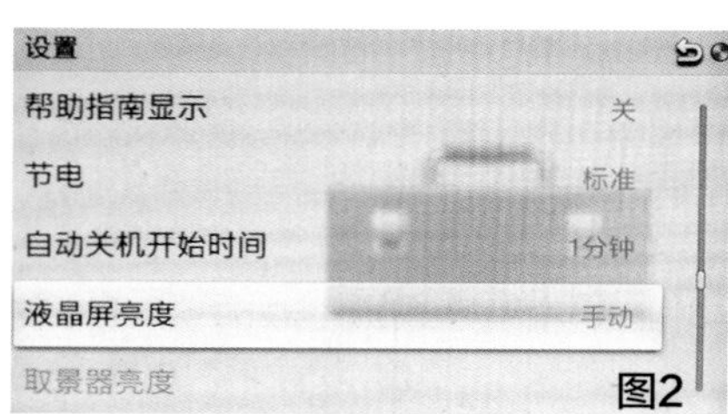

图2

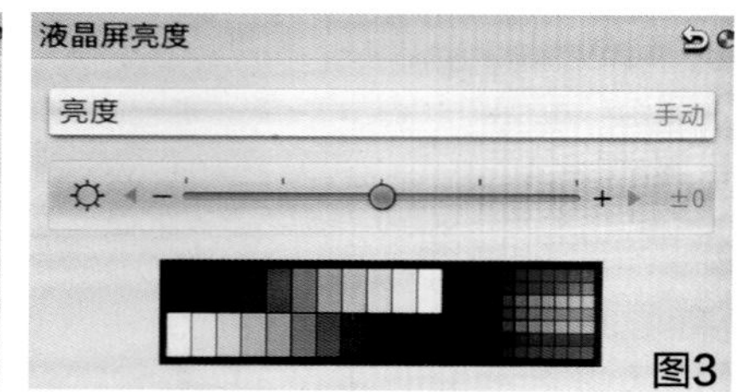

图3

图4

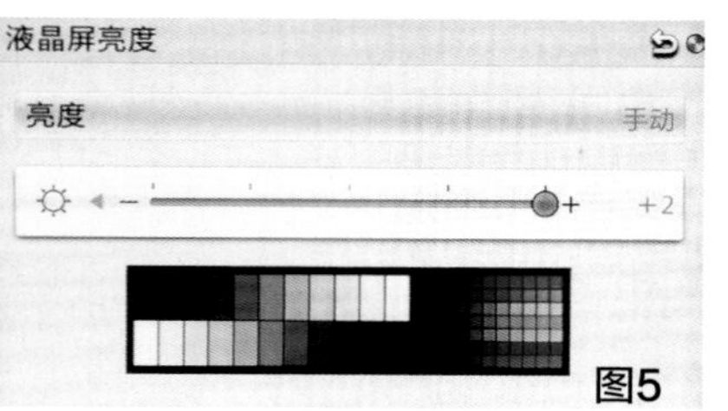

图5

如图 1 所示，在“菜单”中找到“设置”项并进入

如图 2 所示，找到“液晶屏亮度”选项并进入

如图 3 和图 4 所示，在“亮度”选项中，可以快速修改设置为“晴朗天气”，以适应明亮的户外环境。如果这个方法无效，也可以自己设置液晶屏的亮度

如图 5 所示，在“手动”模式下，增加亮度值

通常情况下，环境光线越亮，液晶屏的亮度就应该设置得越明亮，这样才能看清楚屏幕画面。如下图所示，不同设置下的液晶屏亮度差异是非常明显的。

液晶屏亮度值为 -1

液晶屏亮度值为 +1

EVF 亮度与屈光度的调节

EVF 即我们平常所说的电子取景器，它看起来很像单反相机上的光学取景器，但是 EVF 采用的是电子化结构，通过 EVF 看到的其实是一个电子画面。不是所有微单相机都有 EVF，有些微单可以加装 EVF。

对于 EVF，首先要调整它的亮度，道理与调整液晶屏的亮度类似。但是当我们在使用 EVF 的时候，眼部几乎完全贴合到了取景器上，所以环境光线对于显示效果的影响很小，调节 EVF 亮度主要是为了让 EVF 产生的光量适中，不至于刺眼。

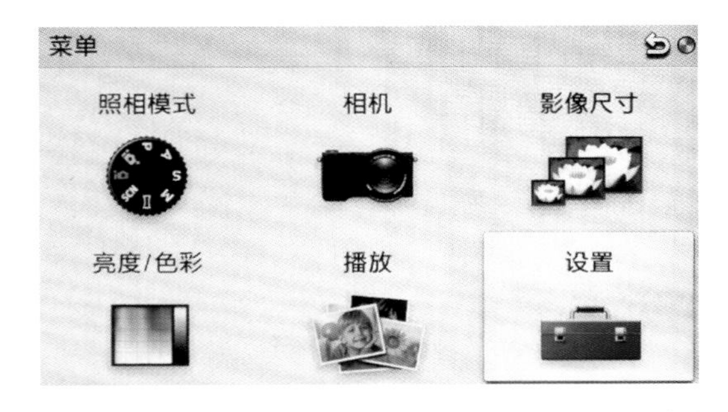

首先在相机的“菜单”中找到“设置”选项，并进入下一级菜单

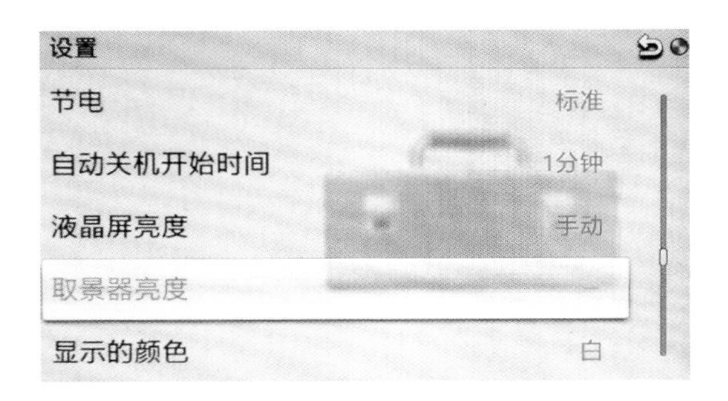

找到“取景器亮度”选项，从中设置 EVF 的亮度。当相机没有安装 EVF 的时候，此项显示为灰色

EVF的亮度不能过高，否则一会增加相机的电量消耗，因为在整个拍摄过程中，取景所占时间最多；二是过高亮度的EVF会导致拍摄者对照片曝光、场景的亮度产生误判，误以为曝光过多或是场景光线充足。

EVF 屈光度是一个常常被忽视的设置。有时候，可能会有这样的拍摄体验：通过 EVF 取景时，感到画面是模糊的，这时我们通常认为画面还没有合焦，于是半按快门按钮进行对焦，出现合焦提示后，画面依然模糊。遇到这种情况，很可能就是 EVF 的屈光度没有调整好。

要判断是相机真的没有合焦，还是 EVF 屈光度存在问题，有两种方法。第一种是相机提示合焦之后，将取景方式切换到液晶屏取景，然后观察画面是否清晰。因为液晶屏取景这种方式是不存在屈光度问题的，所以这时如果液晶屏上的画面是清晰的，则说明是 EVF 的屈光度需要调整，反之，则说明是相机的对焦有问题。第二种是直接拍摄一张照片，然后回放照片，如果照片是清晰的，则说明是 EVF 的屈光度需要进行调整，反之，则说明是相机的对焦存在问题。

调整 EVF 屈光度的时候，需要先半按快门按钮进行准确对焦，然后一边旋转 EVF 屈光度调节旋钮，一边观察取景器里的画面，直到画面看上去变得清晰为止。

如右图所示，EVF 屈光度调节旋钮的位置通常在 EVF 附近，这款微单中，这个旋钮位于 EVF 侧面。

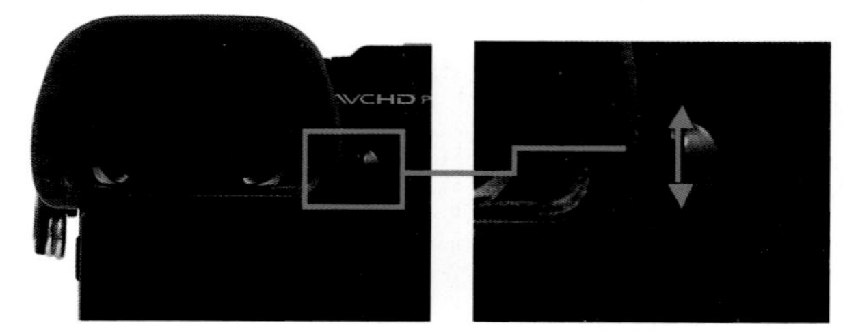

设置较短的待机时间

我们不使用微单相机的时候，其实它依然在耗电，尽管没有拍摄，但是相机内的感光元件还在接收光线，液晶屏、测光模块、防抖组件等都还在持续工作。关闭相机可以让这一切都停止，起到节电的作用，但是当我们在旅途中需要快速拍摄的时候，又要重新打开相机电源，相机内部一切组件都要重新启动，非常费时。

为了解决这个问题，微单相机中搭载了待机功能。所谓待机是指相机中的主要功能组件进入一种休眠状态，只消耗极少的电量，起到节省电量的作用。与关闭电源的区别在于，拍摄者只需要轻轻半按快门按钮，相机的完整功能立刻会被唤醒，其速度快于关闭电源后重新打开的速度，从而有利于旅行摄影中突如其来的抓拍。

通常建议将自动关机开始时间设置为 1 分钟，这样既不会频繁进入待机状态，又能节省电量。除了这个功能以外，微单相机中还有一个节电功能，平时可以将它设置为标准，但出现电量不足的问题时，则可以设置强度为最大。

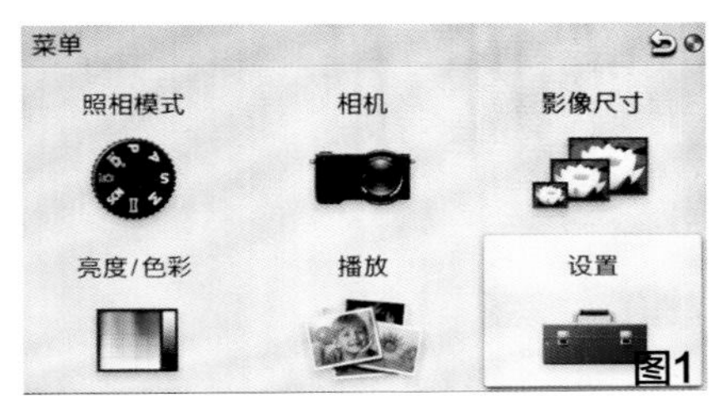

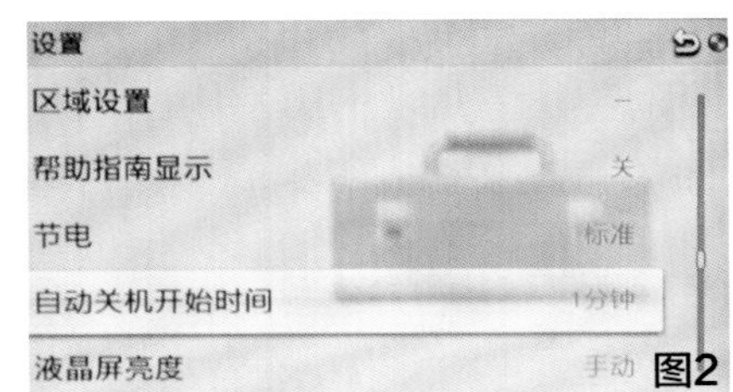

如图 1 所示，在“菜单”中找到“设置”选项；如图 2 所示，在“设置”选项中找到“自动关机开始时间”并进入下一级菜单；如图 3 所示，设置“自动关机开始时间”为 1 分钟

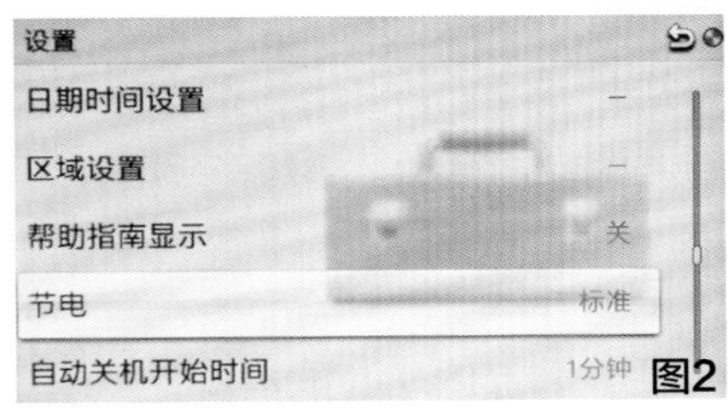

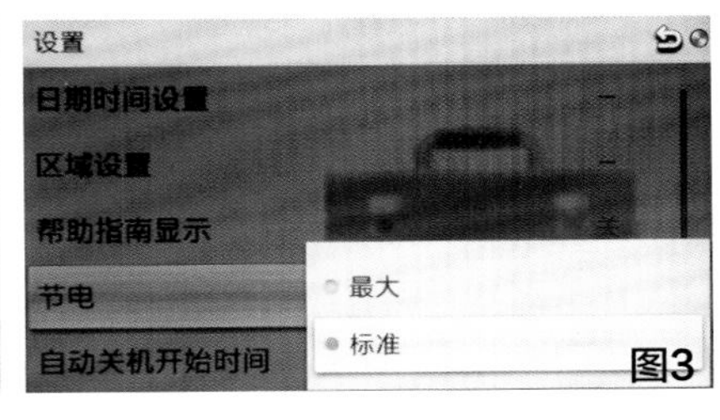

如图 1 所示，在“菜单”中找到“设置”选项，然后进入下一级菜单；如图 2 所示，在“设置”选项中找到“节电”选项，并进入下一级菜单；如图 3 所示，可在“最大”和“标准”两种节电模式之间切换

变化长宽比例以适应拍摄对象

相机拍摄出来的照片是长方形，因此具有一个长宽比例问题。由于微单相机目前使用的感光元件主要是长宽比为 3:2 的 APS-C 规格感光元件，因此微单相机默认的长宽比为 3:2。在设置菜单中，拍摄者也可以将这个比例修改为 16:9。16:9 这个比例看上去视野更加开阔，但它本质上是在 3:2 的基础上剪裁而来的，因此它的实际视野范围并没有 3:2 广，像素总和也不如 3:2 高，仅仅是获得一种视觉假象。

变化照片的质量

照片质量在微单相机设置中被称为影像质量，它的变化会影响到照片格式，从而影响到画面的成像质量。当进入影像质量设置菜单后，要在四个选项中选择，其中画质最好的是 RAW 格式，这是一种高清晰度的无损画质格式。通常选择 FINE 格式即可满足需要，当空间比较紧张时，使用 STD 格式也可以。至于 RAW+J 格式则太过于浪费存储卡空间，不建议在旅行摄影中使用。

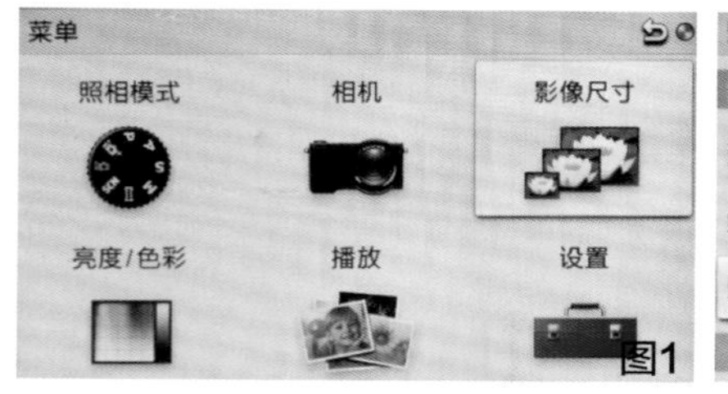

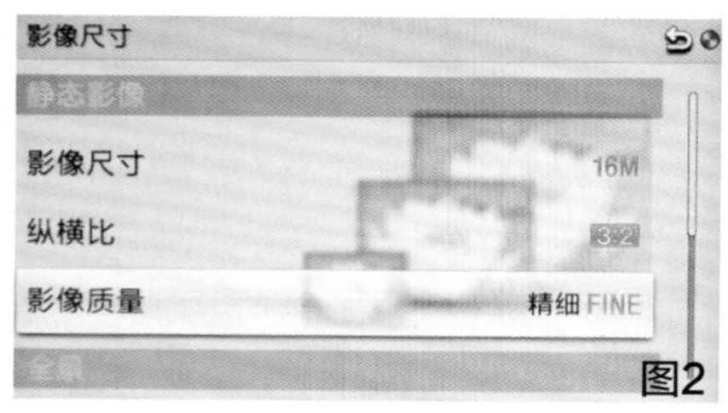

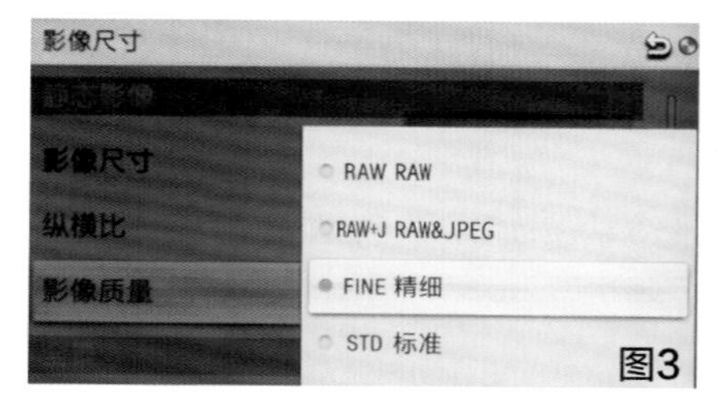

如图 1 所示，在菜单中找到“影像尺寸”选项，并进入下一级菜单；如图 2 所示，在“影像尺寸”选项中找到“影像质量”选项，并进入下一级菜单；如图 3 所示，可以在四种不同的照片格式中进行设置

拍摄说明

在菜单设置中采用16：9的比例，拍摄出的照片视野开阔，横向的延伸感较强。

关闭触屏快门

在日常使用中，触屏快门也是一个比较方便的功能。所谓触屏快门是指，拍摄者用手指触摸相机屏幕上某个位置之后，相机会自动对该位置进行对焦，并且迅速地拍摄一张照片。

但是在旅行摄影中，情况复杂，环境多变，如果保持触屏快门的打开状态，很可能导致一些误操作，例如手无意间碰到屏幕触发了快门并改变了原来的焦点位置。因此，建议大家通过设置菜单关闭触屏快门功能，只使用最原始的快门按钮来进行对焦和拍摄，从而减少旅行摄影中可能出现的误操作。

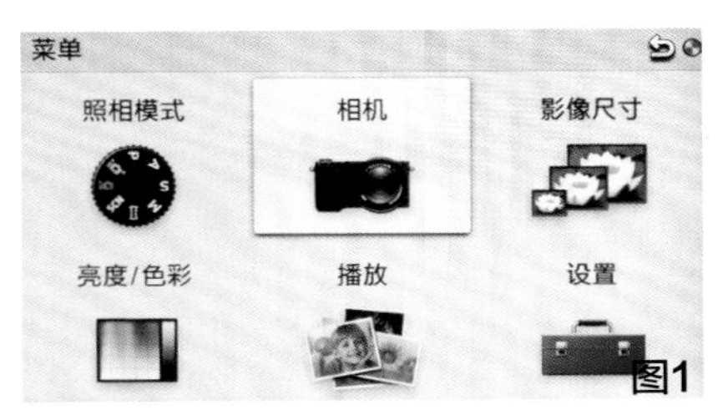

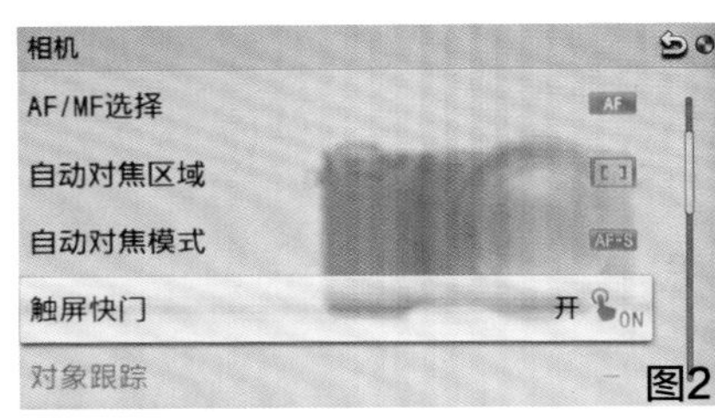

如图1所示，在菜单中找到“相机”选项，并进入下一级菜单；如图2所示，在“相机”选项中找到“触屏快门”选项，并进入下一级菜单；如图3所示，这里可以将其设置为OFF，从而关闭触屏快门功能

影像模式改变照片整体效果

影像模式在相机设置中称为创意风格，通常包含“标准”“生动”“肖像”“风景”“黄昏”和“黑白”等多种不同的效果。这些创意风格的变化，会改变照片的对比度、饱和度、清晰度等，对同一个场景采用不同的创意风格拍摄，照片效果会略有不同。

默认设置是“标准”风格，它适合于大部分场景，当拍摄者不清楚应设置什么创意风格效果的时候，也可以选择设置标准风格。“生动”风格色彩比较鲜艳；“肖像”风格则比较适合表现人物，能够展现出更好的肤色效果；“风景”风格更适合展现自然风光；“黄昏”风格则适合表现日出和日落；“黑白”风格可以展现出黑白照片的效果。

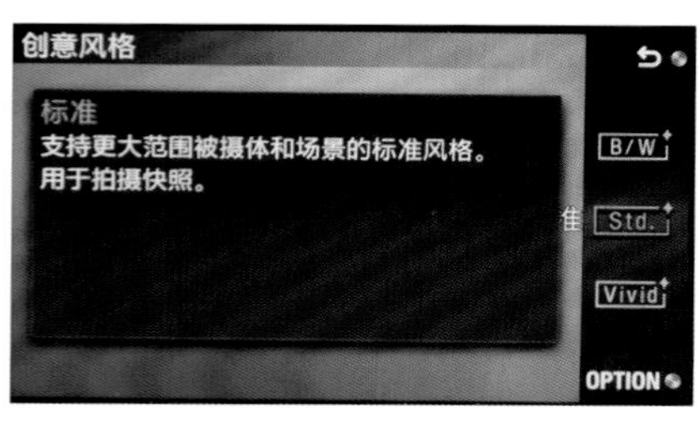

如上组图所示，在“亮度/色彩”设置菜单中可以找到“创意风格”选项，然后即可设置不同的创意风格效果

快门：1/1 250s
光圈：f/1.8
ISO：100
测光模式：评价测光
曝光补偿：1.0EV

拍摄说明

设置创意风格为“肖像”风格拍摄的照片，人物肤色过渡均匀，皮肤显得白皙健康。

拍摄说明

设置创意风格为“风景”风格拍摄的照片，能够更好地展现自然环境中的层次美感，并且色彩艳丽。

打开辅助构图网格线

网格线是一种辅助构图的虚拟线条，它既不是在场景中真实存在的，也不会出现在最终的照片里，仅仅是作为一种辅助线条出现在取景画面中。网格线可以出现在液晶屏上，也可以出现在 EVF 中。

三种网格线分别有各自的用法，适合于不同的拍摄情况。它们主要用于判断画面的倾斜情况以及安排被摄体所在的位置。

如图 1 所示，在菜单中找到“设置”选项，并进入下一级菜单

如图 2 所示，在“设置”选项中找到“网格线”选项，并进入下一级菜单

如图 3 所示，可以在三种不同的网格线中进行选择，也可以关闭网格线功能

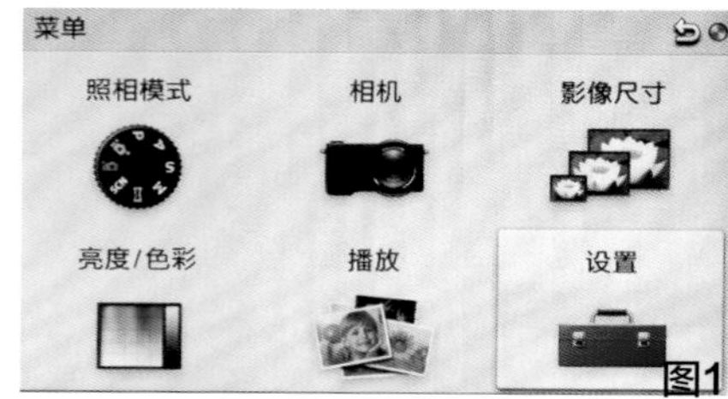

图1

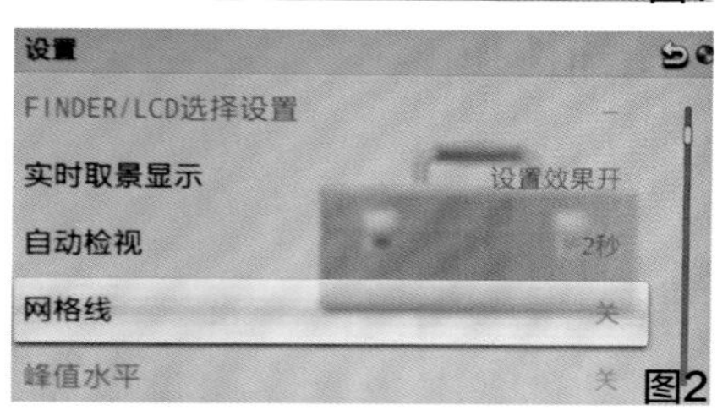

图2

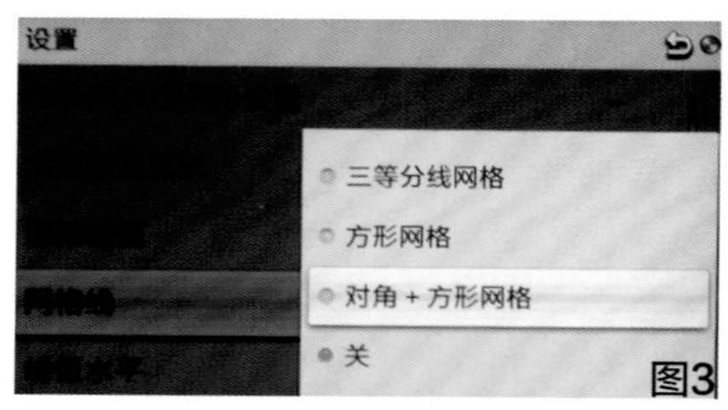

图3

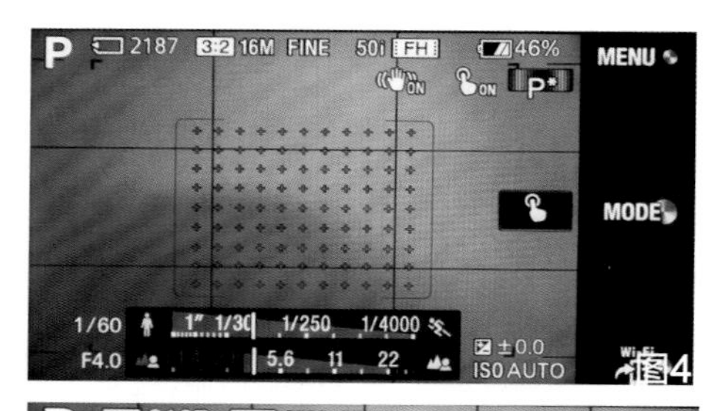

图4

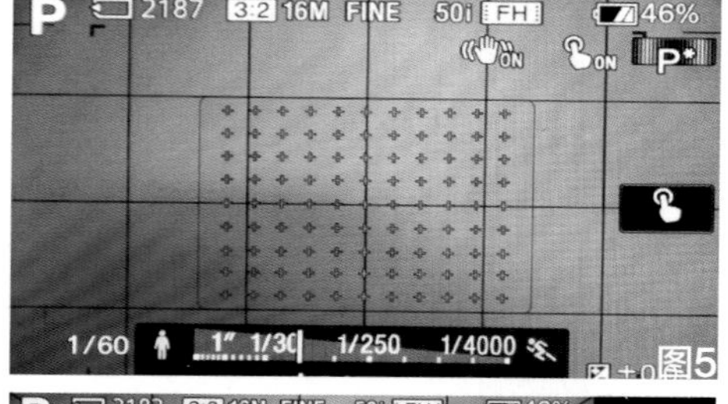

图5

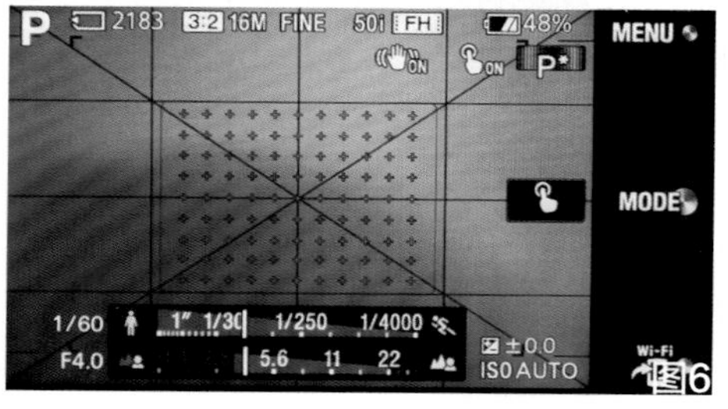

图6

如图 4 所示，三等分网格线，当拍摄具有水平线或是垂直线的场景时，可以尝试将线条安排在与三等分网格线的线条重合的位置

对于有明确主体的场景，也可以将主体安排在网格线之间的交叉点上，起到突出主体的作用

如图 5 所示，方形网格线由 5 根纵线与 3 根横线构成。通过方形网格线可以更好地安排物体之间的距离位置关系。在拍摄水平线或垂直线为主的场景时，这些线条也能帮助拍摄者确保画面的稳定

如图 6 所示，对角＋方形网格线在方形网格线的基础上增加了两根对角线。通过新增的对角线，可以更清楚地看到画面的对称关系，以及找到画面的中心点

如图 7 所示，这样将主体安排在画面正中间的构图方法，可以使用对角 + 方形网格的辅助线

如图 8 所示，为了确保画面中的竹子笔直，可以开启方形网格线

如图 9 所示，采用三等分线构图，通过两根线条的交叉点来确定合理的构图位置，将甜点安排在这个位置上，获得悦目的构图效果

图7
图8

图9

不需要进行辅助构图的时候，可以关闭网格线功能。有这些辅助构图的线条，虽然可以比较精确地构图，但有时候这些线条也会影响取景，特别是线条比较多的对角+方形网格。

快速删除照片

旅行摄影有一个特点，那就是拍摄的时间较长，拍摄量也很大。有时候，我们可以借助零散的旅行时间，如等车、等人的时候，使用相机对拍摄的照片进行整理，将好的照片保留下来，不好的照片删除掉，释放存储卡空间。这种利用零散时间整理照片的技巧，可以减少后期整理旅行摄影照片的工作时间。

如右图所示，在默认设置情况下，当进入照片回放模式后，拍摄者可以使用下方的软键进行删除照片的操作，此时会弹出一个提示框，如果想取消删除，可以按下上方的软键。需要格外注意的是，一旦确认删除，通过相机上的操作将无法恢复这张照片，即便是在计算机上操作，这张照片也很难被恢复。

如果真的发生了意外，不小心删除掉了重要的照片，这时正确的处理方法是停止对相机的一切操作，然后关闭相机，取出存储卡。等到返回工作室或家中，使用计算机用专业软件进行数据恢复。要想成功恢复数据，这张被误删照片的存储卡在误删后不能再进行其他任何数据的写入操作。

微单相机非常方便智能。首先，它提供了丰富的自动化拍摄模式，这些模式具有自动判断功能，或者是已经被调试得非常适合拍摄某种题材或场景，拍摄者只需要根据实际情况，选择相应的拍摄模式，即可得到效果不错的照片。

其次，微单相机中往往还有很多艺术滤镜。这些艺术滤镜就好像做菜时的作料一样，采用不同的艺术滤镜，就好比放了不同的作料，于是同一张照片可以有不同的风格，这大大丰富了拍摄效果，也能为不擅长图像后期处理的新手解决很多问题。

Chapter 2

轻松上手拍出好照片

自动化的拍摄模式

微单相机中主要有全自动模式、夕阳模式、肖像模式、风景模式、运动模式、动作防抖模式、微距模式、夜景模式、手持夜景模式、夜景人像模式等多种自动化的拍摄模式，可以说是涵盖了摄影题材的方方面面。如果能对这些自动化的拍摄模式有所认识，就足以应付基础拍摄。

全自动模式

全自动模式又称智能自动模式，建议初学者从这个模式开始学习拍照。将相机切换到这个模式后，相机会自动设置许多参数，而拍摄者所做的事情主要是取景构图、按下快门按钮。此外，在旅行摄影过程中，如果需要突然抓拍的话，也可以切换到全自动模式，这样相机会自动设置好一切重要参数，节省时间。

刚开始学习摄影的时候，使用智能自动模式，可以减少很多麻烦，将注意力专注于构图和对时机的把握上比较好。不过学习到一定阶段后，智能自动模式的缺陷也就暴露出来了。在智能自动模式下， 虽然可以拍摄出曝光比较准确、焦点清晰的照片，但是拍摄者不能随意控制画面的明暗，也不能随心所欲地控制相机产生背景虚化或是背景清晰的效果。

先在主菜单中选中“相机模式”

然后选择“智能自动”模式

拍摄说明

在光线良好的情况下，智能自动模式可以轻松拍摄出不错的照片来。

夕阳模式

夕阳模式又称为日落模式，顾名思义，这种模式是专为拍摄夕阳而设计的，不过经过笔者实践，用它拍摄日出也会有不错的效果。切换到夕阳模式后，相机仍然具有自动化设置参数的功能，不过画面的色彩会变得更加鲜艳，尤其是橙色和红色会在画面中更加突出，夕阳或日出时的太阳的光线在画面中会更加美丽。

拍摄说明

海边的夕阳分外美丽，拍摄者将相机设置为夕阳模式后，夕阳产生的色彩更加突出，艳丽动人。

肖像模式

在旅行摄影过程中，除了拍摄风光外，还会有拍摄人的时候。这时就可以切换到肖像模式，这个模式主要是对人物的皮肤进行优化，使肤色的过渡在画面中显得自然一些，让皮肤更柔和细腻。

快门：1/2 000s
光圈：f/2.8
ISO：100
测光模式：评价测光
曝光补偿：0.0EV

拍摄说明

采用肖像模式拍摄儿童，儿童应有的细腻肤质在照片中得到了完美的展现，并且相机自动设置了偏大的光圈，获得了不错的背景虚化效果，使人物看上去更加突出。

风景模式

风景模式又称为风光模式，它主要是在拍摄自然风景的时候使用。风景模式的基本特点是，照片整体的色彩会显得更加鲜艳，照片的对比度提高，明暗分明。从具体的色彩来看，绿色和蓝色会格外突出一些。由于整体色彩都有提升，所以风景模式也可以用于拍摄那些需要强化色彩的场景。

对比度这个概念，可以理解为图像中明亮部分与灰暗部分之间的差异。如果明亮部分越来越亮，灰暗部分越来越暗，则可以理解为图像的对比度在提高；反之，如果明亮部分越来越暗，灰暗部分越来越亮，则可以理解为图像的对比度在降低。图像的对比度提高后会有多方面的视觉效果变化，如画面颜色显得更加浓郁、更加清晰等。

拍摄说明

这张照片构图优美漂亮，由于采用了风景模式拍摄，山脉展现出的蓝色和草原的碧绿得以凸显。

快门：1/80s
光圈：f/1.8
ISO：800
测光模式：评价测光
曝光补偿：0.0EV

拍摄说明

由于选用风景模式拍摄，因此色彩比使用智能自动模式拍摄更加鲜艳，很好地体现了夜晚灯笼的特点。

运动模式

在旅行中，可能需要拍摄一些运动中的人或物，这时如果对相机设置不熟悉，就可以切换到运动模式进行拍摄。在运动模式下，相机会自动设置较高的快门速度，以便将运动中的被摄体清晰定格在画面中。但是如果环境中的光线不好，进光量不足的话，选择运动模式就会产生大量的画面噪点。

您还可以通过Photoshop后期处理，
进行将物体由清晰变模糊的操作。
详情参见本书赠送视频：
第九章\9–15制作动感模糊效果

拍摄说明

采用运动模式拍摄，追随飞机飞行的方向移动，并按下快门，便得到了前景飞机清晰而背景具有运动模糊效果的照片。

拍摄说明

在光线比较暗的室内，小姑娘活泼好动，为了避免画面模糊，拍摄者切换到动作防抖模式拍摄。得益于这个模式下的高速快门和多张合成技术，获得了画面清晰且噪点较少的照片。

动作防抖模式

在光线不好的情况下，拍摄者想要定格运动被摄体，这时选择运动模式就不太合适了。不过好在微单相机还提供了一种动作防抖模式。在这个模式下，相机依然会使用较快的快门速度拍摄，以便定格运动被摄体的动作。由于光线不好，感光度会很高，导致画面中噪点较多，于是相机会自动连续拍摄多张照片，然后将每张照片中噪点较少的部分提取出来，合并为一张照片。

快门：1/320s
光圈：f/2.8
ISO：400
测光模式：评价测光
曝光补偿：0.0EV

微距模式

需要近距离拍摄的时候，可以将相机切换到微距模式。不过需要注意的是，微单相机微距模式与便携数码相机的微距模式有较大差别。便携数码相机切换到微距模式后，近距离拍摄能力会得到明显增强，但是微单相机必须使用专业微距镜头才能增强近距离拍摄的能力，切换到微距模式，只是让相机的快门速度变快，不容易导致画面模糊，并且也会让相机光圈变小，清晰的范围变大。

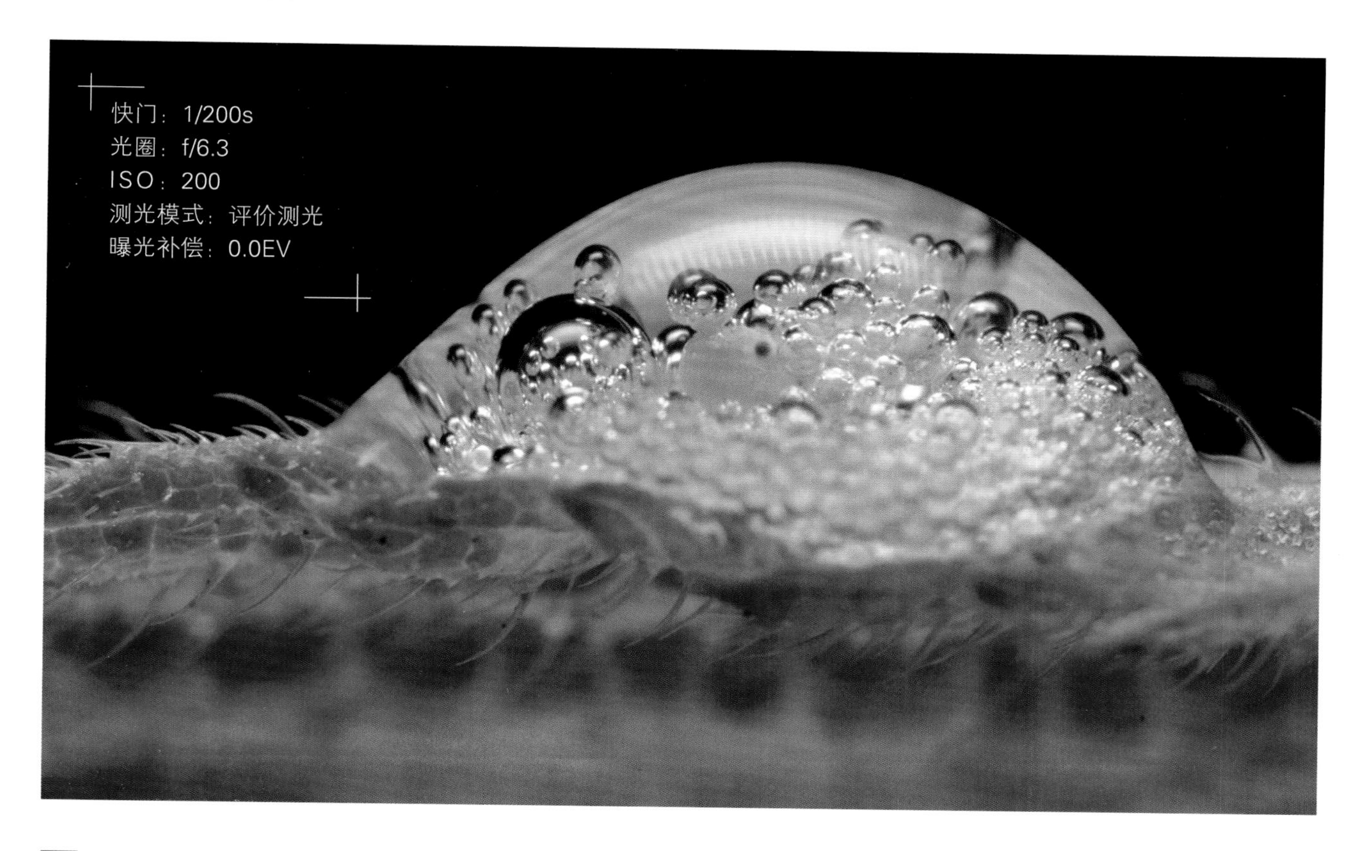

您还可以通过Photoshop后期处理，进行照片合成操作。
详情参见本书赠送视频：
第九章\9-1用自动对齐图层命令合成照片

拍摄说明

更换了专业的微距镜头，切换到微距模式后，相机的快门速度和光圈都与普通的智能自动模式有较大差别，更好地表现了植物表面的小水滴。

夜景模式

夜景模式适用于夜晚拍摄，进入这个模式后，相机会使用较低的感光度，以获得纯净的画面，但同时快门速度会下降很多，因此这时不能手持相机拍摄，而是应该将相机安装在三脚架上，以保持相机的平稳。另外，在夜景模式下，相机还会稍稍降低一些曝光量，以便让画面保持夜晚应有的特色。

拍摄说明

从参数上看，快门速度很慢，因此在夜景模式下拍摄，通常要使用三脚架才能拍出如上图所示的清晰夜景照片。手持拍摄几乎不可能。

快门：1/2s
光圈：f/6.3
ISO：100
测光模式：评价测光
曝光补偿：–0.5EV

手持夜景模式

没有三脚架的情况，如果想拍摄夜景，可以切换到手持夜景模式。在这个模式下，相机会使用较高的感光度和较快的快门速度，以保障手持拍摄夜景的清晰，同时会自动连续拍摄多张照片，最后选取每张照片中噪点较少的部分，合成为一张照片，从而实现减少画面噪点的目的。在光线不好的室内也可以使用手持夜景模式拍摄。

快门：1/200s
光圈：f/2.8
ISO：12 800
测光模式：评价测光
曝光补偿：0.0EV

拍摄说明

使用手持夜景模式拍摄的照片，从参数上看，感光度已经高达12 800，但实际上画面看上去还是比较细腻纯净。

夜景人像模式

在夜晚如果想拍摄带人物的照片，就可以采用夜景人像模式。在这个模式下，相机会闪光，这个光线主要是为了让人在照片中有清晰的展现。在拍摄的时候，人不要随意移动，等到整个拍摄完成后才能离开。

快门：1/20s
光圈：f/2.8
ISO：400
测光模式：评价测光
曝光补偿：0.0EV

拍摄说明

这张照片是采用夜景人像模式拍摄的小型演唱会现场。旅行中常常可能会遇到这类活动，如果不知道如何设置相机，就切换到这个模式吧。

快门：1/250s
光圈：f/7.1
ISO：100
测光模式：评价测光
曝光补偿：0.0EV

拍摄说明

在全景模式下，横向连续拍摄了三张照片，最终这三张照片自动合成为一张视野广阔的全景照片，展现了连绵的山脉。

全景模式

全景模式又称为扫描全景，这是一种比较特殊的拍摄模式。开启全景模式后，相机会出现提示，要求拍摄者朝着某个方向移动相机，同时相机的快门会持续进行连拍，等拍摄者按照提示完成移动相机后，拍摄才会停止，最后会得到一张全景照片。

采用全景模式拍摄，与采用其他模式相比有如下差别：

❶ 画面长宽比不同。

其他拍摄模式下拍摄的照片长宽比通常为 3:2，但是采用全景模式拍摄的照片，则会显得非常细长。

❷ 视野不同。

其他拍摄模式下拍摄的照片，镜头所能提供的视野相同，但是采用全景模式拍摄的照片，由于是采用多张照片拼接，因此可以获得更大的视野范围。

全景模式

全景拍摄模式由于是连续拍摄多张照片，因此不适合场景有剧烈变化的情况，只适用于一些静止不动的场景。

丰富滤镜省功夫

微单相机中的艺术滤镜是一种图像艺术化处理效果，通过艺术滤镜，可以让照片产生更加夸张的视觉效果，使你的照片与众不同，同时也节省后期处理的时间。

艺术滤镜对你的照片做了什么

当拍摄者按下快门按钮后，相机会记录下当前场景的信息，这时会有一张与 RAW 格式照片类似的图像存在。如果拍摄者设置了艺术滤镜，相机内部的图像处理器就会对这张照片进行艺术化处理，产生更强烈的视觉效果。

原始照片

采用艺术滤镜之后的照片

您还可以通过Photoshop后期处理，进行照片色彩调整。详情参见本书赠送视频：第九章\9-13普通照片的梦幻效果

追求艳丽感的浓郁色调效果

艺术滤镜的效果往往比较夸张、大胆，风格强烈。浓郁色调效果的艺术滤镜，主要作用是增强色彩的鲜艳程度，也就是通常理解的饱和度，让照片色彩显得非常浓艳。对于一些原本色彩不是很艳丽的场景，使用浓郁色调效果艺术滤镜可以产生立竿见影的良好效果。不过对于本身就很鲜艳的场景，则不建议再使用这种艺术滤镜对其进行艺术夸张处理。

拍摄说明

由于采用浓郁色调效果滤镜拍摄，因此颜色显得非常鲜艳，饱和度远远高于前面介绍的使用风景模式拍摄的照片。

柔和、唯美的柔焦效果

柔焦效果滤镜会产生一种柔和画面感，这种柔和的画面不同于虚焦产生的模糊。实际上，柔焦效果艺术滤镜拍摄出来的照片，依然能够看到清晰的部分，只不过是在这种清晰之上增添了一种朦胧感。此外，柔焦效果还会增强照片的高光部分，让高光显得更加明亮。结合了柔焦与光线感，让画面产生柔和、唯美的效果。

快门：1/2 000s
光圈：f/2.8
ISO：100
测光模式：评价测光
曝光补偿：0.0EV

拍摄说明

采用柔焦效果艺术滤镜拍摄的照片，仔细观察就会发现，荷花的花瓣其实是非常清晰的，只是增添了一种柔和、朦胧的视觉效果。

淡化及增亮色调滤镜

淡化及增亮色调滤镜其实包含了三个方面：首先它会淡化照片的色彩，使画面看上去淡雅一些；其次，它会对画面进行增亮，使画面看上去更加明亮一些；最后，这种艺术滤镜还会改变画面的色调，使画面更偏向蓝色。

拍摄说明

明媚的场景，很适合使用淡化及增亮色调滤镜，可以产生一种清新、淡雅的感觉，体现假期的惬意。

您还可以通过Photoshop后期处理，进行美化照片色调的操作。
详情参见本书赠送视频：
第五章\5-15使用照片滤镜为照片上色

简洁的怀旧照片颗粒效果

怀旧照片颗粒效果艺术滤镜主要包含了对图像三方面的调整：第一，这种艺术滤镜会降低图像的对比度，使画面整体看上去更加柔和；第二，这种艺术滤镜会改变画面的色调，使照片偏黄一些，并且降低图像的饱和度，以产生一种照片褪色的效果；第三，这种艺术滤镜效果还会为照片增加一些颗粒，以模仿老照片的感觉。

快门：1/2 000s
光圈：f/5.6
ISO：100
测光模式：评价测光
曝光补偿：0.0EV

拍摄说明

运用怀旧照片颗粒效果艺术滤镜拍摄的照片，可以看出原本洁白的云彩在画面中变成了暖色，照片整体的影调也更加柔和。

您还可以通过Photoshop后期处理，
进行运用滤镜调整照片色彩的操作。
详情参见本书赠送视频：
第二章\2-7使用照片滤镜调整整体色调

新奇的针孔相机效果

现在大部分相机的镜头是由玻璃或树脂镜片制作而成，然而有一种相机的镜头没有这些物质，只有一个小洞，光线穿过小孔在胶片上成像，这种相机称为针孔相机。针孔相机的一个特点就是会产生暗角，所谓暗角就是指画面四周一些区域明显偏暗。由于缺少特殊的镜片对光线进行校正，针孔相机拍摄出的照片色调也会显得有些特别。而针孔相机效果艺术滤镜正是模拟这种相机的风格。

快门：1/320s
光圈：f/2.8
ISO：400
测光模式：评价测光
曝光补偿：0.0EV

拍摄说明

图中的拍摄场景原本是比较简单的，尤其是背景，显得比较单调。为了增强效果，采用针孔相机效果艺术滤镜，加入明显暗角后，画面显得更加奇趣。

模型效果的微缩景观模式

微缩景观模式的效果是在照片的上下或左右加上一种模糊效果，同时稍稍增加一些画面的对比度与饱和度。俯拍的时候，可以切换到微缩景观模式，这时大场景中也会产生一种模糊效果，让人联想到近距离拍摄小模型时产生的前后虚化效果。所以采用这种艺术滤镜拍摄，能产生将大场景转化为小模型一般的感觉。

拍摄说明

微缩景观模式拍摄的城市街道，虽然采用了小光圈，但是画面却产生了前后虚化效果，仿佛是近距离拍摄的小模型。

拍摄说明

在这个场景中，只有救生圈是橙红色的，其他的物体中都没有包含这种颜色，所以使用局部色彩模式能获得突出的视觉效果。

保留单色的局部色彩模式

保留单色的局部色彩模式，顾名思义，是指只保留画面中的某一种色彩，其他色彩会被全部处理成黑白效果。这种艺术滤镜需要时机恰当，通常当场景中有个物体的颜色突出，并且其他物体的颜色不与它重复的时候，最适合使用。不过，有时候肉眼看上去差别很大的颜色，在相机中可能会被认为是相似色，所以会导致使用这种模式失败。

PART 2
艺术素养

Chapter 3 构图的窍门
Chapter 4 光线与色彩的运用

要说构图的窍门，那就是前人总结的许多构图法则。这些构图法则有些来自于西方油画，有些来自于摄影前辈，总体来看，这些法则很容易理解和掌握。拍摄者只要在取景构图中套用这些法则，就可以得到视觉效果不错的照片。

但所谓构图并非这么简单，例如有些情况下，可以同时运用许多不同的构图方法，但是哪一种构图方法更好，就需要考验拍摄者对美的理解和把握。再例如同一个场景，通过取景角度、运用镜头的变化，能产生不同的构图效果。如何能获得丰富的或是与众不同的构图，则与拍摄者的专业技巧密切相关。

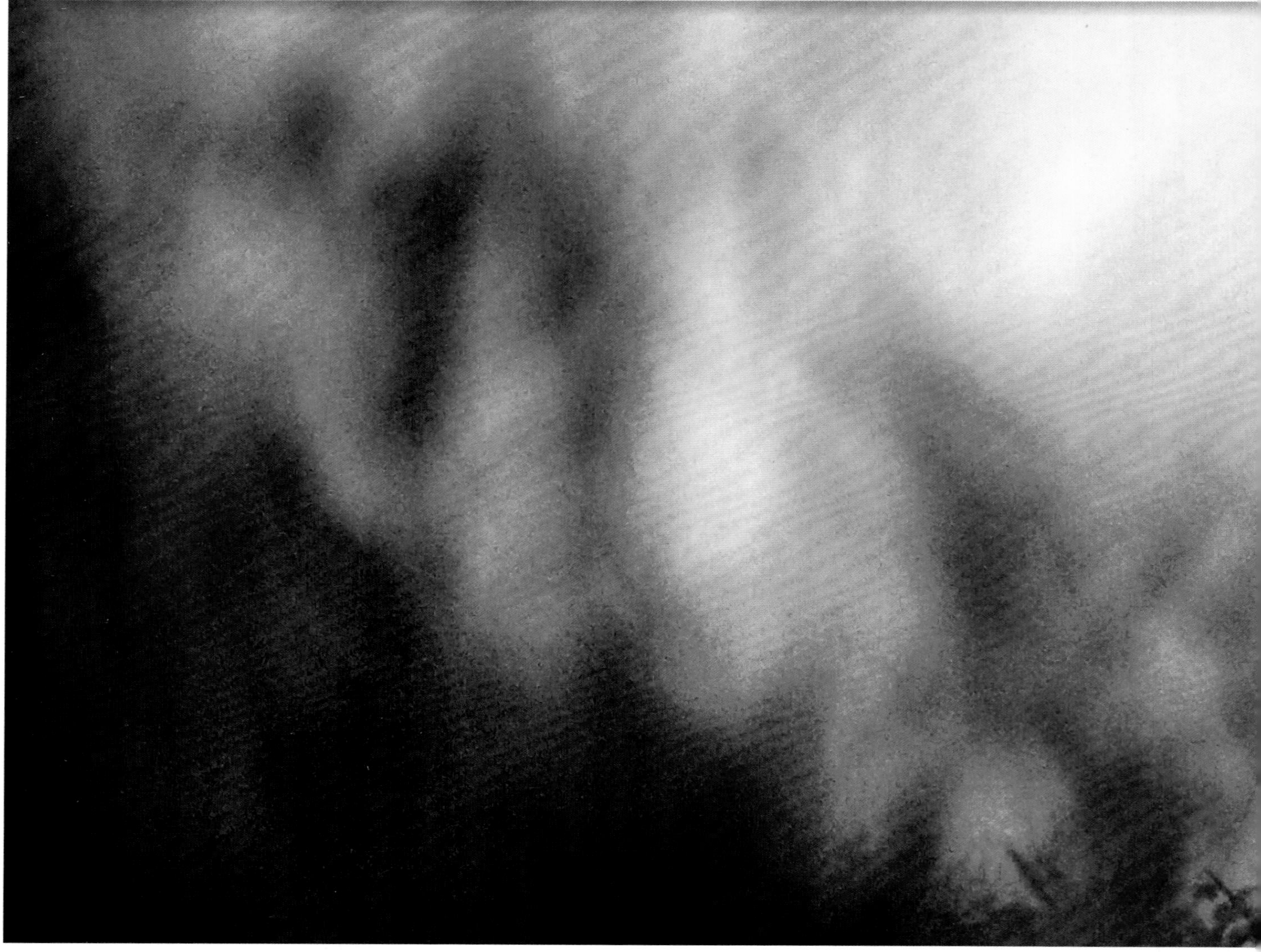

Chapter 3

构图的窍门

构图的基本法则

构图可以理解为拍摄者对于画面中各种视觉元素的安排和布置。构图的基本法则是指总体上的一种规则，而不涉及视觉元素具体的安排。总体上看，构图的基本法则包含两大内容：主题明确和保持简洁。

主题明确是指照片所传递的内容要清晰准确，这涉及拍摄者对自身的一种质问："我为什么要按下快门？"当我们漫步在陌生的地方，一定是有某种东西吸引了自己，或是引起了某种共鸣，自己才会按下快门，那么这种东西就需要在构图中得到明确展现。

如上图所示，很明显拍摄者想表现的是猫咪的样子或状态，这就是主题明确的体现。

在保持主题鲜明的前提下，画面应该尽量简单一些。保持画面简洁与主题明确有时候存在一种相辅相成的关系，二者共同构成了构图的基本法则。如下图所示是保持画面简洁的典型例子。

快门：1/1 250s
光圈：f/5.6
ISO：100
测光模式：评价测光
曝光补偿：0.0EV

拍摄说明

画面整体非常简洁，除了远处的一棵树很突出，再没有分散注意力的景物。

您还可以通过Photoshop后期处理，进行调整摄影景物的操作。
详情参见本书赠送视频：
第一章\1-6 去除多余的景物

实用构图方法

初学者学习构图，一开始可能以模仿为主，先学会套用各种构图方法，并多加练习。在基本掌握构图方法后，要学会根据想表达的内容来选择比较恰当的构图方法。最后，还需要学会变通，对构图方法进行灵活运用。

中央构图

中央构图非常好理解，就和它的名字一样，是指将被摄体安排在画面的中心位置上。之所以会有中央构图这种方法，是有多方面原因的。首先从视觉上看，人双眼的视力范围会在中央进行交叉，因此中央的物体往往很容易引起人的注意。其次，相机的对焦点主要集中在画面的中央区域，所以对于拍摄运动场景来说，使用中央构图既可以获得不错的视觉效果，又可以充分利用相机的对焦点。

拍摄说明

简洁的背景和对称的结构很适合采用中央构图，能让画面中央更加突出。

井字形构图

井字形构图是一种最常用的构图方法。拍摄的时候，将被摄体置于画面的哪个位置是个问题，而井字形构图是一种很好的解决方法。井字形构图的具体用法是运用两条水平线将画面三等分，再运用两条垂直线将画面三等分，这两条水平线与两条垂直线会产生四个交点，这四个交点就是适合安排被摄体位置的点。在具体取景构图的时候，如果能将被摄体安排在这四个点中的其中一个点上，就能很好地突出被摄体，同时保持画面的均衡和活力。

井字形构图的构图分析

您还可以通过Photoshop后期处理，进行调整图片构图的操作。
详情参见本书赠送视频：
第一章\1-1 改变构图比例

拍摄说明

小丑鱼的位置刚好位于井字形线条的交叉点上，再配合鲜艳的色彩，因此显得格外突出。

TIPS 小提示

微单相机在取景的时候可以打开网格线功能，让井字形线条直接显示在取景画面上，从而可以很方便地进行井字形构图。

棋盘式构图

棋盘式构图是一种适合多个被摄体的构图方式。这种构图方式需要将场景想象成一个棋盘，而被摄体就是棋盘上的棋子。设置画面的时候，让这些“棋子”在画面中呈星罗棋布状，这种排列可以产生一种错落有致的感觉。当拍摄者可以主动调整被摄体的位置时，尽量让被摄体稍稍错开，排列不要过于整齐，以免画面显得呆板。如果不能主动控制位置，也可以通过调整取景角度的方法来改变画面中“棋子”的位置。

棋盘式构图的构图分析

TIPS 小提示

棋盘式构图适合被摄体数量比较多的场景，通常在有四个以上被摄体的时候。有三个被摄体的时候可以考虑采用三角形构图，一两个被摄体则可以使用中央构图或井字形构图。

您还可以通过Photoshop后期处理，进行调整被摄人物操作。
详情参见本书赠送视频：
第一章\1-7去除多余的人物

拍摄说明

拍摄当地儿童的合影，让取景角度稍稍倾斜一些，从而实现棋盘式构图，错落有致的感觉让画面更显活力。

水平线构图

水平线构图是指画面中以水平线为主构成的画面。通常在风景、建筑摄影中比较常用水平线构图。同时人们的视野也比较容易顺着水平线移动，因此水平线构图可以体现出开阔感。

运用水平线构图的时候，要特别注意水平线的位置，通常建议将水平线安排在画面的三等分线处，不宜用水平线将画面进行二等分。另外，水平线在画面中要保持绝对平直，不能产生歪斜，否则画面的均衡感会被破坏。

水平线构图示例

水平线一旦倾斜，画面立刻产生不稳定感

快门：1/125s
光圈：f/8.0
ISO：100
测光模式：中央重点测光
曝光补偿：0.0EV

拍摄说明

拍摄湖泊的时候，特别注意要使水平线在画面中保持水平状态，展现湖面的开阔。

拍摄说明

画面中的风车以垂直线的形式展现，凸显高大感。同时拍摄者取景时纳入两个人，通过人物与风车的大小对比，衬托出风车的高大。

垂直线构图

垂直线构图与水平线构图很类似，区别在于贯穿画面的、更加突出的是垂直线条。通常运用垂直线构图的时候，被摄体自身就符合垂直线特征，例如树木。垂直线在人们的心里是符号化象征，常常给人高大的印象。

在运用垂直线构图的时候，重点在于保持垂直线垂直，不能歪斜，不然画面会不稳定。另一方面，也可以采用竖画幅取景，让被摄体呈现出高大感。

垂直线构图示例

TIPS 小提示

采用垂直线构图和水平线构图的时候，尽量保持线条应有的垂直或水平，但做不到也可以通过后期处理进行补救。

对角线构图

对角线构图是指画面中有对角线贯穿，或者是被摄体呈现出对角线的构图。不过构图上的对角线并不是指数学几何中严格意义上的对角线，而是指倾斜程度稍大一些的斜线，所以也有人将对角线构图称为斜线构图。这种构图方法最大的好处是可以具有活力，使画面整体看上去更具动感。

对角线构图示例

快门：1/1250s
光圈：f/4.0
ISO：200
测光模式：评价测光
曝光补偿：0.5EV

拍摄说明

画面中倾斜的摩托车呈现出对角线的姿态，产生一种动感和活力。

通过调整取景角度，可以很容易获得对角线构图，所以不一定需要去改变被摄体的位置。例如拍摄一条水平线，稍稍倾斜相机，水平线条立刻就可以变成对角线。

曲线构图

曲线是一种具有优美感的线条，常见的曲线有 S 形、C 形和不规则曲线。曲线构图就是指以曲线为主构成画面的构图手法。曲线是非常容易进行造型的线条，例如我们面前有一条 S 形曲线，那么通过长焦镜头拉近拍摄，截取它的一部分，就会得到 C 形曲线。同样，在面对不规则曲线的时候，可以通过取景来灵活截取 S 形曲线或 C 形曲线。

曲线构图示例

快门：1/25s
光圈：f/16.0
ISO：400
测光模式：评价测光
曝光补偿：-0.5EV

拍摄说明

河流蜿蜒的曲线展现出一种无限的延伸感，给人遐想的空间。

TIPS 小提示

运用曲线构图要注意，要么能够使画面展现出一种延伸感，要么在曲线的附近有明确的被摄体，一段无意义的曲线是不可取的。

镜像构图

镜像构图，顾名思义，是指被摄体在画面中存在一个镜像，这个镜像可以增加画面的对称感，增强视觉冲击力。因此，要运用这种构图，首先要找到一个镜面，让这个镜面来反射被摄体，形成镜像，水面、镜子等都是很好的镜面。

运用镜像构图的时候，为了追求完美的对称感，建议将对称轴安排到画面的中心位置上，这样不仅被摄体会有一个镜像，整个画面也会呈现出完美的对称效果。

镜像构图示例

当拍摄如下图所示的自然风光时，往往以水面作为镜像。这时建议安装偏振镜，压暗实景的亮度，以便让实景与镜像之间的亮度更加接近，形成更完美的镜像构图。

拍摄说明

山脉和绚烂的天空在水面形成完美的镜像，产生很强的对称美感。

三角形构图

三角形是最稳定的图形，当我们运用三角形构图的时候，通常画面会传递出一种强烈的稳定感。要构成三角形，有两种基本方法：一是被摄体本身就是三角形的；二是通过三个相似或相同的物体在画面中构成三角形。

三角形构图示例

如果三角形底边的水平线歪斜，稳定感就会被破坏

快门：1/125s
光圈：f/16.0
ISO：100
测光模式：评价测光
曝光补偿：0.3EV

拍摄说明

从建筑的侧面拍摄，捕捉到了建筑的三角形结构，获得了极具稳定感的画面。

框架式构图

框架式构图是指以一些前景作为框架来构成画面的构图手法。需要注意的是，这些前景通常不宜有太多细节，否则会分散观者对被摄体的注意力。运用框架有许多好处，首先可以让画面显得新颖，并且更具有聚焦效果，让被摄体更加突出。其次，通过运用框架来构图，可以为画面增添一个层次，增强画面整体的层次感。最后，还可以利用框架遮挡画面中与主题无关的物体，从而简化画面。

框架式构图示例

TIPS 小提示

运用框架式构图的时候，可以适当放大光圈，缩小景深，将焦点对准被摄体，让作为框架的物体产生轻微的虚化，从而使被摄体更加突出。

不同的取景角度

取景角度是指相机的高度、角度与被摄体之间的位置关系。总体上看可以划分为俯拍角度、仰拍角度和平拍角度三种。这三种取景角度会让画面感产生很大变化，对于同一个场景，采用不同的取景角度会产生很大差异。

俯拍获得鸟瞰效果

俯拍机位是指拍摄者在相对高的位置上，被摄体位于相对低的位置上，拍摄者将相机朝下拍摄的一种取景角度。俯拍首先会产生一种特殊的效果，被摄体的上方会显得大一些，下方会显得更小一些，这样会导致被摄体从视觉上显得比较小，

拍摄说明

采用鱼眼镜头从高处俯拍，同时运用了小模型艺术滤镜，产生一种夸张又有趣的视觉效果。

但顶部会相对突出。

其次，由于在高处，俯拍往往可以得到鸟瞰的效果，如果将俯拍角度与微单相机中的小模型艺术滤镜结合在一起，则可以产生意想不到的奇妙效果。

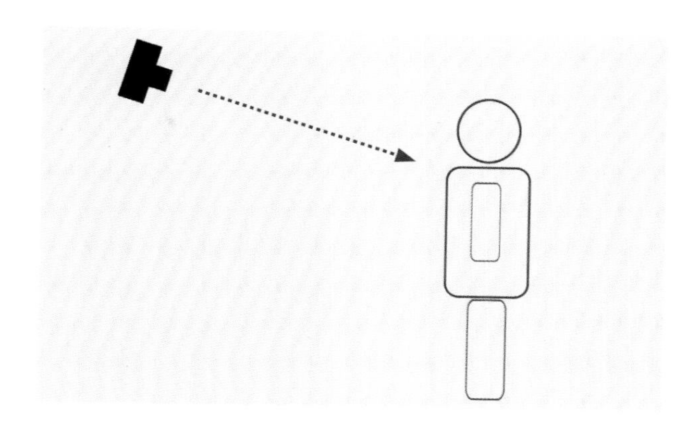

俯拍的机位示意图

仰拍夸大被摄体

仰拍是指拍摄者在低处，被摄体在相对高一些的位置上，相机拍摄方向朝上的一种取景角度。

仰拍往往容易凸显高大感，这有两方面的原因，一方面是因为在日常生活中，对于高大的物体我们往往都是仰视，因此如果画面也是仰视的，那么被摄体就会很自然地给人一种高大感。另一方面是仰拍的时候，由于近大远小，被摄体的下方会显得比较大，上方会显得比较小，上下部分因为大小的差异会呈现出一种距离感，从而让被摄体显得高大。

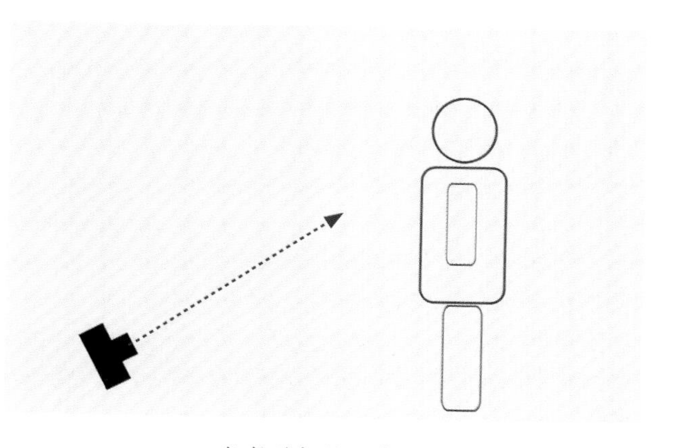

仰拍的机位示意图

为了进一步突出被摄体的高度，拍摄者还可以尝试使用广角或超广角镜头拍摄，这类镜头可以夸大近大远小的透视关系，从而让被摄体显得更加高大。

快门：1/80s
光圈：f/7.1
ISO：100
测光模式：评价测光
曝光补偿：0.0EV

拍摄说明

拍摄者将相机置于低处，对建筑进行仰拍，从而凸显了建筑物的高大。

平拍获得亲近自然感

平拍是指拍摄者与被摄体在大致相当的高度上，相机平行于地面的一种取景角度。

平拍可以展现出很自然的透视关系，被摄体的上部和下部的大小都不会被夸张。

平拍角度往往可以呈现出一种亲近、自然的感觉，这主要是因为我们在日常生活中相互交流的时候，由于大家身高相近，因此基本是以平拍视角在观察。所以，当照片呈现出平拍视角的时候，也会展现出一种亲近感。

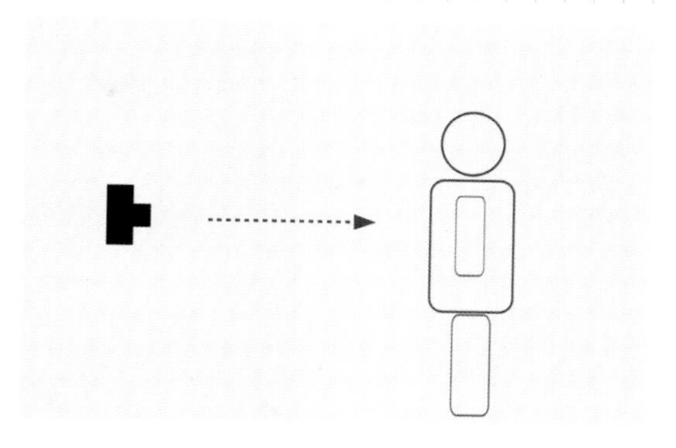

平拍的机位示意图

快门：1/1 250s
光圈：f/3.5
ISO：100
测光模式：评价测光
曝光补偿：0.3EV

拍摄说明

拍摄者采用平拍视角，削弱了画面的透视感，人物上下身的大小比例自然，避免了夸张的透视关系，同时突出了画面的整体色彩感。

当平拍取景角度结合中长焦镜头的时候，物体的近大远小透视感会得到最大程度的削弱。如果想追求很平实的画面效果，可以采用这种组合策略进行拍摄。

对于微单旅行摄影来说，光线与色彩是很重要的因素。如果仔细观察每一张照片，就会发现它们的光线和色彩其实各有特点。事实上，在熟练掌握了曝光、构图等技巧后，拍摄者经常研究的正是光线与色彩的运用。

光线与色彩是密不可分的，我们看到的色彩其实来自于光线，因此运用色彩本质上是运用光线。但是为了方便讲解，这里将色彩理论单独剥离出来，方便大家阅读理解。

Chapter 4

光线与色彩的运用

微单相机操作基础

旅行摄影中我们能够接触到的光线有自然光和灯光两大类，这两类光线都可以产生不错的照明效果。作为拍摄者，一方面要理解这些光线的特点和规律，另一方面要学会抓住时机正确运用。

善用自然光

旅行摄影中的自然光主要是指日光，偶尔也会运用到星光、月光。自然光其实是比较好掌握的光线，因为它的规律性很强。

从天气角度看，晴天的光线充足，颜色略微偏黄，并且会形成明显的阴影，因此，晴天的自然光主要被用于突出立体感或色彩。阴天的时候，光线稍显不足，稍稍提高感光度可以满足曝光需求。阴天的自然光颜色略微偏蓝，因此阴影很淡。综合这些特点，阴天的自然光更加适合表现柔和细腻的画面。

如果从阴影的时间变化来看，早晚的时候太阳的位置比较低，光线照射角度偏大，物体会产生很狭长的阴影；上午和下午的时候，被摄体依然会产生一定的阴影；而正午的时候，阴影最小，因为这时太阳垂直照射。

快门：1/1 250s
光圈：f/5.6
ISO：200
测光模式：评价测光
曝光补偿：0.0EV

拍摄说明

树在墙壁上投射出有趣的阴影。要拍摄这样的照片，只有善于观察和发现自然光的规律才行，在正确的时间和天气，才能成功拍摄。

巧用灯光

灯光有两大类，首先是我们在城市中比较常见的各种灯光，这些灯光不是为摄影服务的，但它们各自具有各自的功能。

运用这种灯光与运用自然光很类似，核心在于通过观察和记录发现这些灯光的规律。但是这种灯光比起自然光的变化丰富了许多，尤其在色彩方面。丰富多彩的灯光，如果能够善加利用，再结合白平衡功能，可以极大地增强画面整体的色

拍摄说明

小店门口的红色灯光在光滑的汽车表面形成了倒影，画面非常有趣，同时与四周蓝色的光线形成了色彩对比。

您还可以通过Photoshop后期处理，进行色彩调整的操作。
详情参见本书赠送视频：
第五章\5-5让照片色彩更饱满

彩表现力。通常在旅行摄影中，白天主要依靠自然光，而到了夜晚，这些城市的灯光就会成为主要的照明光线。

其次，旅行者也会随身携带一些灯光，这些灯光可以更灵活地控制，为摄影所用，例如小型闪光灯、手电筒、LED 灯等。运用这些灯光的时候，更考验拍摄者对于灯光本身的特点与运用时机的把握。

快门：1/125s
光圈：f/1.8
ISO：800
测光模式：评价测光
曝光补偿：0.0EV

拍摄说明

在水下拍摄光线很暗，拍摄者使用防水手电筒照明，不仅能有效提高快门速度，避免画面模糊，还能让水下景物的色彩更加绚烂夺目。

光质对于画面效果的影响

光质是一个相对比较难理解的概念，这里我们不去对什么是光质展开复杂的讨论，而将重点放到如何运用不同光质的光线上来。当然要回答这个问题，首先要解释不同光质的光线特点。

硬质光产生强烈对比

硬质光的基本特点是能够产生很强烈的光影对比。具体来说，在硬质光的照射下，被摄体会具有比较明亮的受光面，同时又具有比较灰暗的背光面。

硬质光的优点是能够很好地展现出被摄体的立体感。如果被摄体表面有凹凸起伏的话，通过光影对比，硬质光也可以呈现出这种凹凸起伏的细节，所以在硬质光的照射下，粗糙表面会显得更加粗糙。硬质光的缺点是明暗反差比较大，比较难控制画面的细节呈现，通常在确保受光面准确曝光的同时，背光面就会呈现出极少的阴影。

您还可以通过Photoshop后期处理，进行调整反光的操作。
详情参见本书赠送视频：第三章\3-11消除照片中的不适宜的反光

拍摄说明

晴天的阳光是一种典型的硬质光，在这种光线照射下，可以看出列车具有明显的明暗分布，有很强的立体感和光影对比。

软质光的柔和细腻

软质光的基本特点是产生的光影对比较弱。在软质光的照射下，被摄体受光面与背光面之间的界限非常模糊。

软质光的优点是能够很好地展现出被摄体的细节与层次，因为它们不会被阴影遮挡。如果被摄体表面有凹凸起伏的话，由于缺少明暗对比，所以在软质光照射下，粗糙的表面会显得更加细腻。软质光的缺点是容易让被摄体显得缺乏立体感，同时不利于展现色彩。

明暗之间的过渡非常平顺自然

阴影处彰显细节

快门：1/125s
光圈：f/11.0
ISO：100
测光模式：评价测光
曝光补偿：0.0EV

拍摄说明

阴天的光线是典型的软质光，在这种光线下拍摄的庭院，细节丰富、层次感强。

您还可以通过Photoshop后期处理，进行调整色调的操作。详情参见本书赠送视频：第五章\5-2为照片增加温暖色调

理解光位的变化

光位是指光源、拍摄者与被摄体三者之间的位置关系。这三者的位置关系有无限多种可能，不过从大体上看，可以分为顺光、侧光、逆光、顶光和底光五大类。比较常用的是顺光、侧光和逆光，顶光和底光极少用到。

顺光有利于呈现色彩

顺光是指光线照射方向与拍摄方向一致的情况，如右图所示，黄色圆点代表光源，圆环中心为被摄体。

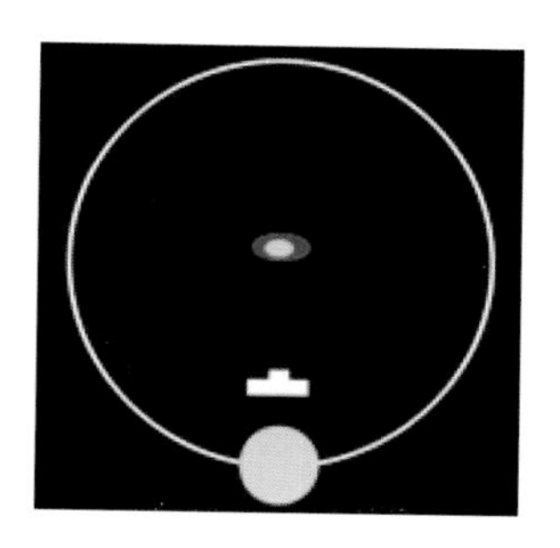

顺光的光位

顺光的条件下，被摄体的阴影集中到了后方，而后方则是相机拍摄的“盲区”，在这种情况下，画面里的阴影很少。所以在顺光照射下，第一个感觉是画面很平，缺乏立体感，这也是顺光一个比较突出的缺陷。但是顺光下被摄体表面显得柔和平整，色彩会变得非常突出，所以顺光很适合展现色彩鲜艳的被摄体。对于摄影初学者来说，顺光是一种很容易掌握的光位，可以优先熟悉和运用。

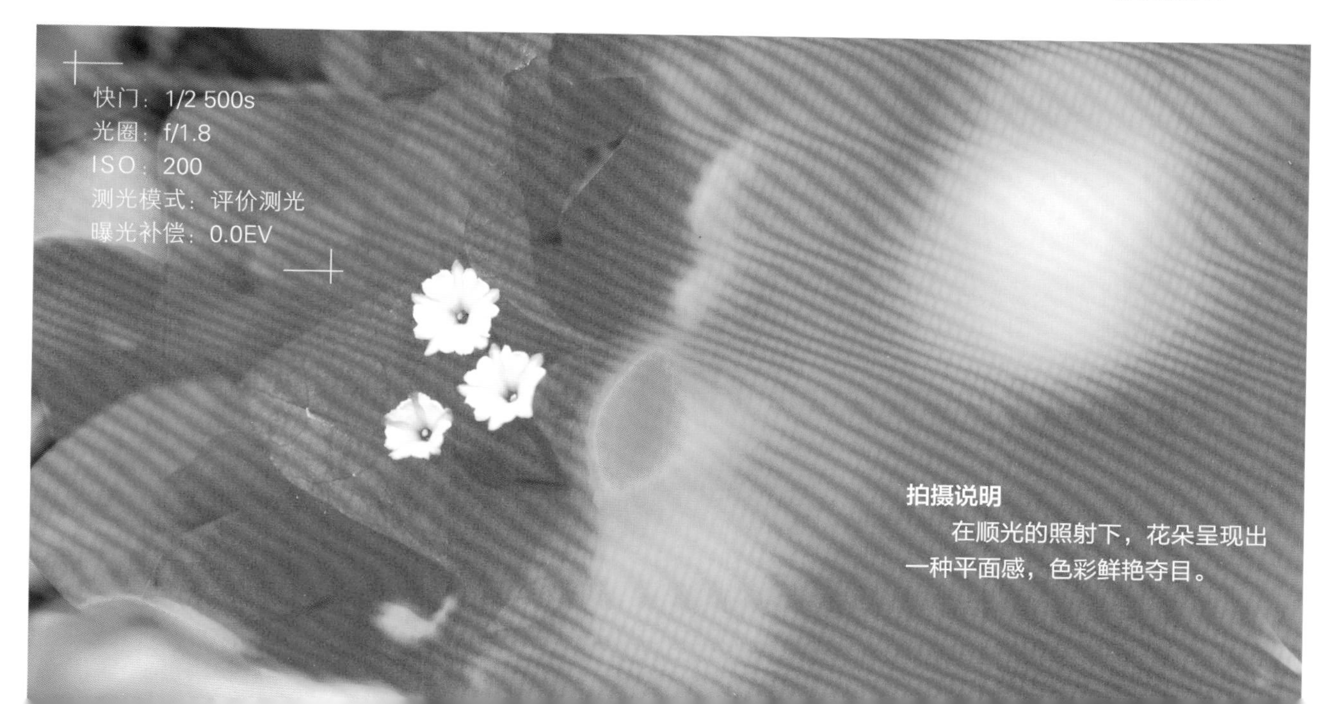

拍摄说明

在顺光的照射下，花朵呈现出一种平面感，色彩鲜艳夺目。

侧光有利于增强立体感

侧光是指光线照射方向与拍摄方向成 90° 左右的夹角，光线从被摄体侧面进行照射。

在标准侧光的条件下，被摄体会产生左右一阴一阳的状态，一边是受光面，一边是背光面，二者形成明暗反差。因为有了这种反差，所以在侧光照射下使被摄体看起来很有立体感，这是侧光的主要优点。

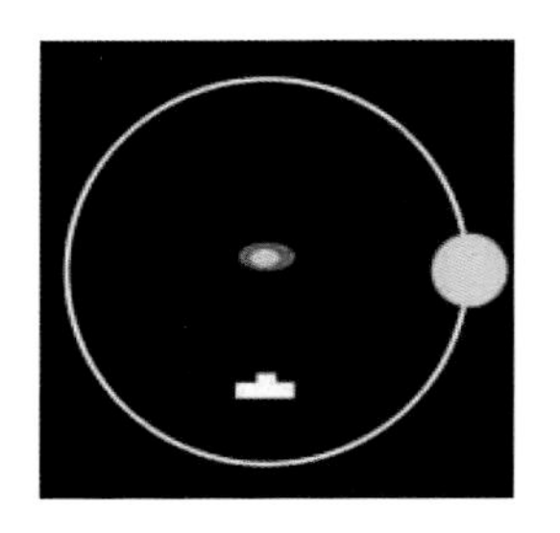

侧光的光位

如果要说缺点，那么侧光最大的问题就是光线反差不容易控制，曝光不当，很可能导致受光面或背光面缺乏细节。面对侧光的时候，通常会使用点测光对被摄体的受光面进行测光，以获得比较准确的曝光。

TIPS 小提示

如果是拍摄较小的物体，又要运用侧光，可以使用反光板对被摄体的背光面进行补光，以便在保持足够立体感的情况下尽量呈现细节和层次。

快门：1/250s
光圈：f/8.0
ISO：100
测光模式：评价测光
曝光补偿：0.0EV

拍摄说明

下午四五点钟，太阳的高度已经下降，形成了侧光，建筑物的立体轮廓也得到突出呈现。

逆光获得剪影效果

逆光是指光源位于被摄体后方，拍摄者位于被摄体前方的情况。有光就有影，影子总是在光源的相反方向上。在逆光状态下，被摄体的阴影全部位于正面。所以在逆光时拍摄到的照片里，被摄体呈现出一片漆黑，也就是我们常说的剪影效果。

剪影效果的好处是画面简洁干净，被摄体的轮廓容易得到很突出的展现。不过，它不利于展现被摄体的正面细节，同时也不利于展现画面的层次立体感，因为在这种状态下，往往只存在两个层次——背景与剪影，画面没有前后距离感，显得平面化。

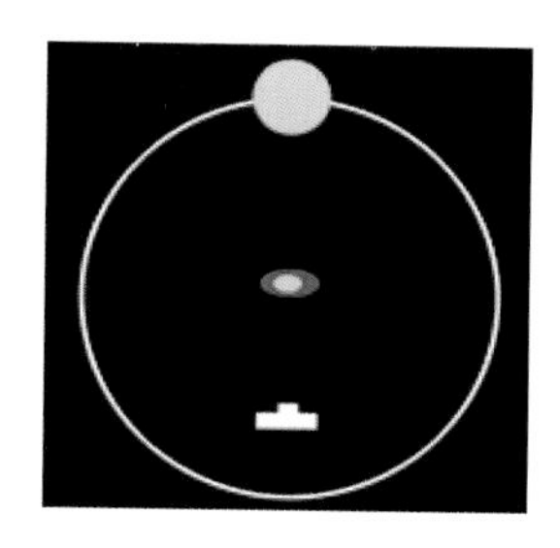

逆光的光位

放大观察剪影，正面没有任何细节

您还可以通过Photoshop后期处理，进行修正逆光的操作。
详情参见本书赠送视频：
第三章\3-1 修正逆光的照片

拍摄说明

利用日落时的逆光，让画面中的建筑和人物形成了剪影，这两个剪影相映成趣，相互呼应。

特殊的顶光和底光

顶光和底光的运用较少。相对来说，顶光更常见一些，例如正午的阳光就是一种顶光。所谓顶光是指光源位于被摄体的上方，自上向下照射的情况。在顶光照射下，被摄体的阴影会集中到下方，因此在有些情况下可能会看不到被摄体的阴影。顶光照射下被摄体依然会产生一种立体感，不过如果被摄体的结构复杂，顶光则会让阴影显得比较混乱。

从位置关系上看，底光与顶光相反，它是指光源位于被摄体下方，从下向上照射的情况。底光极少被单独运用，它产生的照明效果有些怪异，被摄体的阴影会在上方，并且下方更明亮，上方则变得灰暗。更多的时候，底光会有两种用法，一是与顶光或其他光位进行一种配合，将底光作为一种辅助照明的光线。二是底光仅仅作为一种渲染氛围的点缀，例如底光的色彩或形态比较好看的时候。

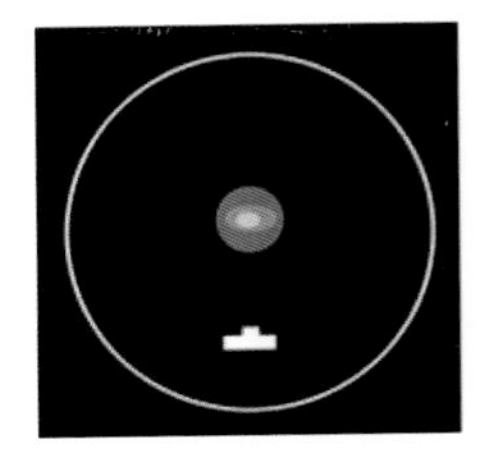

顶光的光位

底光的光位

快门：1/125s
光圈：f/2.8
ISO：200
测光模式：评价测光
曝光补偿：0.5EV

拍摄说明

在餐厅中就餐的时候，来自上方的灯光其实就是一种顶光。在这种灯光的照射下拍摄美食，既可以获得一定的立体感，又能展现出足够多的细节。

快门：1/500s
光圈：f/2.0
ISO：2000
测光模式：评价测光
曝光补偿：0.5EV

拍摄说明

这张照片中的底光是飞机底部的灯光，但它仅仅是作为一种渲染氛围的暖色光而被使用，照亮飞机的主要光线是来自天空的顶光。

PART 3

边走边拍

Chapter 5 边走边拍 路上的风景

Chapter 6 边走边拍 自然风光

Chapter 7 边走边拍 人物人文

Chapter 8 边走边拍 风情建筑

Chapter 9 边走边拍 各种动物

Chapter 10 边走边拍 绚丽夜景

有人说最美的风景在路上，这话一点儿不假。拍摄路上的风景，主要是指在各种交通工具上进行拍摄。旅行中的交通工具主要有飞机、汽车、火车和游船。在乘坐交通工具的时候拍摄，首先要注意自身的安全，同时也要注意交通工具运行安全，千万不能进行可能危害到安全的拍摄。

另一方面，在交通工具上拍摄的时候，也要注意相应的相机设置技巧，必要的时候还要使用特殊的附件来获得更好的拍摄效果。

Chapter 5

边走边拍　路上的风景

飞机上的拍摄技巧

飞机是长途旅行中的主要交通工具。在飞机上拍摄一定要注意遵守飞行安全要求，通常在起飞和降落的时候不宜打开相机进行拍摄。因此，在飞机上能够拍摄照片的机会并不多，通常在飞机低空飞行或是盘旋的时候才有机会拍摄到地面的景观。

如何获得最佳的座位

这里所说的最佳座位当然是最佳的拍摄位置。根据拍摄经验，最佳位置首先是在飞机两侧靠窗的区域，这里能拍摄到窗外的景象。其次，还要尽量避开飞机的机翼，因为机翼会遮挡画面，影响构图。现在很多航空公司提供网上值机服务，拍摄者预订机票后即可在网上确定座位，这样可以更好地在飞机上拍摄。

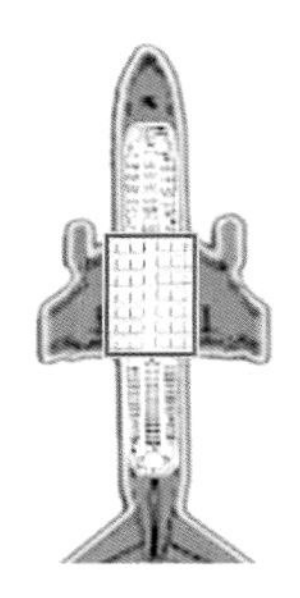

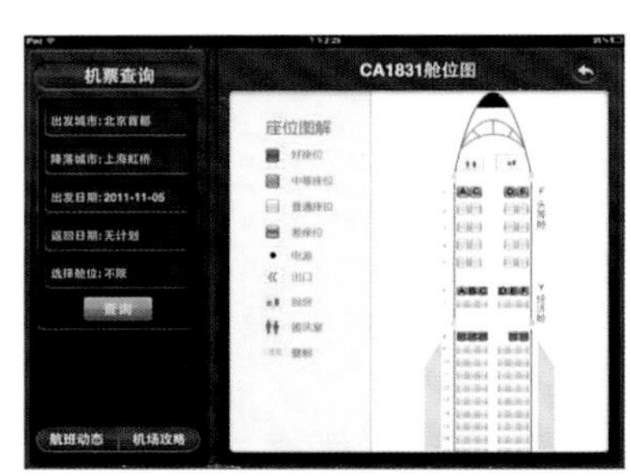

上左图，红框中的位置为在飞机上拍摄最差的位置。对于较大的机型来说，还要避免飞机中间走道的座位
上右图，某航空公司的网上值机界面，可以快速确定需要的座位，并能打印出登机牌

拍摄说明

在飞机靠窗位置拍摄的照片，由于位置选得比较好，完全没有机翼的阻挡，画面干净通透，视野良好。

在机场的航空公司柜台办理值机的时候，也可以尝试与柜台人员进行沟通，请求为自己安排靠窗并且能够避开机翼的位置。

焦距合理的镜头

在飞机上拍摄属于风景摄影，因此人们往往会使用焦距较短的广角镜头，其实这是一种错误的选择。因为飞机上的窗户很小，如果使用焦距较短的广角镜头，很可能会在取景时将窗框纳入画面，形成黑边。正确的做法是将中长焦距的镜头带上飞机，利用它们拍摄取景会更加方便。

焦距为18mm的广角镜头拍摄的画面，窗框被纳入画面

焦距为50mm的中焦镜头拍摄的画面，避免了窗框被纳入画面

使用大光圈拍摄

飞机通常在云层上方飞行，因此飞机的玻璃具有很强的减光特性，所以不要想当然地认为在高空拍摄就光线良好，其实恰恰相反，由于光线被飞机窗户的特殊玻璃阻挡，必须使用较大的光圈才能获得足够的快门速度。因此这里建议拍摄者在飞机上拍摄的时候使用大光圈镜头，这样就能以较低的感光度获得更纯净的画面。

拍摄说明

拍摄者采用了最大光圈f/2.8的镜头，并以此最大光圈进行拍摄，获得了足够的光线参与曝光，从而可以在使用低感光度的同时保持足够快的快门速度，获得纯净又清晰的航拍照片。

火车上如何拍摄

火车是长途旅行的又一种常见选择，特别是一些铁路系统发达的区域，相比于飞机，火车上的拍摄机会更多，如果运气不错，还可能拍到日出或日落。假设风景拍腻了，还可以换换口味，在车内拍摄一些人文题材的照片。

设置合理快门速度

火车一直保持比较稳定的速度运行，除了进出站或特殊情况，因此在火车上拍摄，首先要尝试找到一个合适的快门速度，然后一直采用这个快门速度拍摄就可以获得比较清晰的照片了。如果快门速度太快，会让感光度不必要地增加；如果快门速度太慢，则会导致画面模糊不清。

因此正确的方法是先从一个基本值开始，例如 1/125s，进行试拍并观察画面，如果画面模糊，则提高快门速度，并继续试拍，直到照片放大后仍然清晰为止。这时所得到的快门速度就是比较适合拍摄的速度。

通过放大照片可以判断当前的快门速度是否能够保持照片的清晰度

消除玻璃上的反光

列车玻璃上可能会出现一些反光，这些反光在拍摄浅色画面的时候也许不太明显，并且可以通过调整相机拍摄角度消除。但是如果反光比较严重，一定要使用偏振镜来消除它们，以获得简单干净的画面。

注意器材安全

如果是一个人乘坐火车，去餐车吃饭或是上厕所的时候，器材安全就成为一个比较大的问题。对于这种情况，建议拍摄者使用摄影腰包来存放器材，并随身携带这个腰包。

您还可以通过Photoshop后期处理，进行消除反光的操作。
详情参见本书赠送视频：
第三章\3-7去除眼镜上的反光

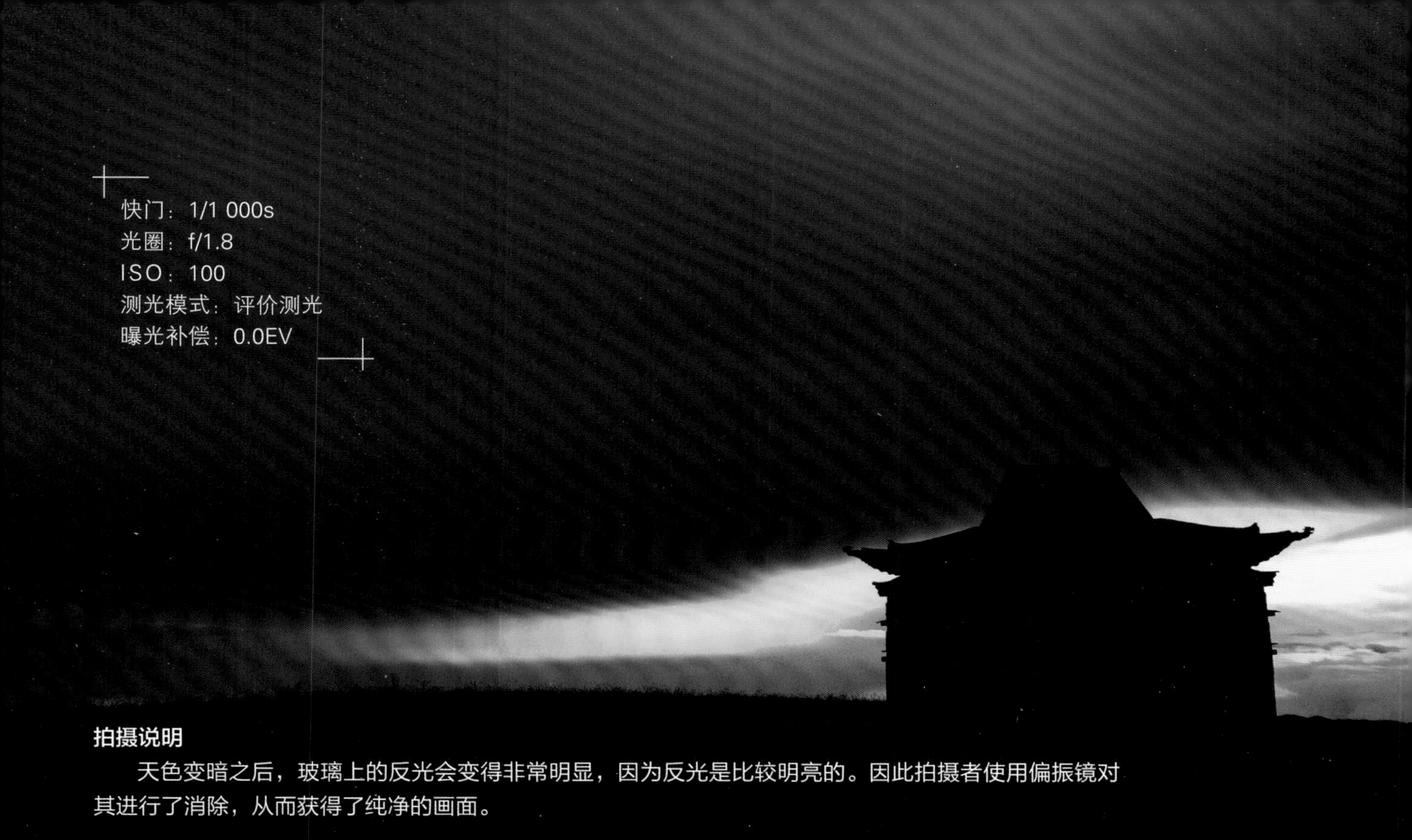
快门：1/1 000s
光圈：f/1.8
ISO：100
测光模式：评价测光
曝光补偿：0.0EV

拍摄说明

天色变暗之后，玻璃上的反光会变得非常明显，因为反光是比较明亮的。因此拍摄者使用偏振镜对其进行了消除，从而获得了纯净的画面。

没有使用偏振镜并且反光明显的情况

使用偏振镜后，列车玻璃的反光得到消除

腰包的好处是占用地方小，携带方便，建议购买专业的摄影腰包而不是普通的腰包。因为摄影腰包通常有很大的空间，并且可以为器材提供充足的保护。

将贵重物品或器材放入腰包

拍摄说明

每辆火车的运行速度都不同，因此需要通过试拍来找到正确的快门速度。在确定快门速度后，拍摄的照片效果就如同静止时拍摄的一样。

汽车上如何拍摄

尽管都是地面上的交通工具，但是在汽车上拍摄的不确定因素更多，拍摄难度也比火车上更大。

预先设置好焦点位置

在汽车上抓拍的时候，由于汽车在行驶，使用自动对焦会耽误时间，甚至错过拍摄机会，还有可能导致画面脱焦。对于可以手动对焦的镜头，建议固定好焦点的位置，旋转镜头上的对焦环，让焦点对准无限远的位置。如果是没有手动对焦功能的镜头，则可以先使用自动对焦对远处对焦，然后切换为手动对焦模式，这样也可以起到固定焦点位置的作用。同时，

快门：1/1 000s
光圈：f/8.0
ISO：400
测光模式：评价测光
曝光补偿：0.0EV

拍摄说明

预先固定好焦点的位置，并且切换到光圈优先模式，设置光圈为f/8.0，然后专心等到被摄体到达预设的位置，即可拍摄到这样的照片。

在光圈优先模式下设置光圈为一个较小值，以获得足够的景深范围。这样一来，就可以有效避免自动对焦的脱焦问题，另外也有利于抓拍，看到想拍的景物时，直接完全按下快门按钮即可拍摄。

减少抖动对画面的影响

汽车上拍摄最大的难点不在于它的移动速度，而在于它的抖动。汽车的抖动主要来自两方面，一是路面凹凸不平产生的垂直方向上的抖动，二是汽车加速、刹车时产生的水平方向上的抖动。这些抖动都非常有可能导致画面模糊，如下图所示。

在抖动的汽车上拍摄照片，常常得到这样模糊的画面

在车辆上使用自动对焦拍摄，很可能产生脱焦的问题，放大照片后更明显

要缓解汽车抖动的问题，首先要在姿势上做出一些调整，建议双手举起相机，让相机悬空来拍摄，这样比紧靠在车窗或是座椅上拍摄更容易得到清晰的照片。其次是在参数设置方面，尽量采用高速快门，为此可以适当提升一些感光度。

快门：1/2 500s
光圈：f/8.0
ISO：800
测光模式：评价测光
曝光补偿：0.0EV

拍摄说明

为了得到1/2 500s的高速快门，将感光度提升到ISO 800，最终在颠簸的汽车上也拍摄到了清晰的画面。

游船上如何拍摄

在游船上的基本拍摄技巧可以借鉴在汽车上的拍摄经验，但比汽车上拍摄更加困难一些，除了控制好相机，有时候拍摄者还要花费不少精力来保持自身在甲板上的平衡。除此之外，在游船上拍摄，拍摄者还会遇到一些拍摄水面时的特殊问题。

控制水面的反光

水是一种反光率极高的物质，在游船上，无论是拍摄水中央还是拍摄岸边，都会不可避免地在取景时摄入部分水体。这时，要学会控制水面的反光，并分析是否需要这些反光。控制水面的反光主要依靠偏振镜来实现，当偏振镜旋转到不同

快门：1/2 500s
光圈：f/8.0
ISO：200
测光模式：评价测光
曝光补偿：0.0EV

拍摄说明

照片中红色的灯塔是吸引注意力的关键，因此这时最好是使用偏振镜将灯塔前方水面的反光彻底消除掉，以免分散注意力。

位置的时候，水面反光的强度也不同，当偏振镜效力最弱的时候，水面反光最强，而当偏振镜效力最强的时候，水面反光甚至可能消失。而水面反光是否需要消除，主要考虑它是否可以点缀画面，烘托氛围。如果需要借助水面反光来营造氛围，则可以适当保留；如果不需要，则可以用偏振镜将它消除得一干二净。

曝光补偿值为 0EV 时直接拍摄的画面

增加曝光补偿值

在游船上拍摄的时候，往往天空和水面所占的画面比重较大，这时会存在一个问题：天空很明亮，水面由于反射了天空，也很明亮，因此相机的测光系统会认为画面中的光线太多，从而减少曝光。如果拍摄者直接拍摄就会导致曝光不足。因此建议拍摄者增加一些曝光补偿值进行修正。

增加曝光补偿值为 2EV 后的效果

快门：1/200s
光圈：f/7.1
ISO：200
测光模式：评价测光
曝光补偿：1.5EV

拍摄说明

增加了曝光补偿值后，画面整体更加明亮美观，天空、水面、山脉、建筑都获得了较理想的曝光。

自然风光是微单旅行摄影中的重要拍摄内容，无论是去真正的自然荒野，还是去城市旅行，都有很多机会拍摄到自然风光类作品。但使用微单在旅行中拍摄自然风光与通常的风光摄影有一定的区别。核心的区别在于时间和机会不同，职业风光摄影师可以在一个风景拍摄地长时间地等待，一次又一次地进行拍摄，在大量作品中挑选出效果最佳的照片。而旅行摄影师则不同，他们一定要在正确的时间内拍摄，并抓住有限的机会才能成就好的作品，并且需要做大量前期工作来减少拍摄的时间。同时由于使用微单相机，摄影师要考虑其焦段、光圈、曝光宽容度等限制，从而合理选择拍摄对象和景色。

Chapter 6

边走边拍　自然风光

川西北高原的绿洲

若尔盖

若尔盖是川西北高原的绿洲，也是全国闻名的旅行摄影胜地。若尔盖是青藏高原东部边缘的一块特殊区域，海拔高度在 3 300 ~ 3 600 米，也被称为松潘高原。相对于我国中东部的低海拔地区，它是高原；而相对于它东边的岷山、南面的邛崃山、西边的果洛山、阿尼玛卿山、西倾山以及北面的西秦岭等山岭，它却处在群山环抱之中，是高原上的一个盆地。

若尔盖草原海拔高、日照强烈，由此常常出现光线反差较大的问题。这时如果直接拍摄，只有三种曝光策略：一是对天空测光，由于天空明亮，为避免曝光过多，相机会减少整体曝光，那么地面就会变得灰暗，甚至变得一片漆黑；二是对地面测光，如果这样的话，地面可以得到准确曝光，但是天空就会曝光过度，甚至成为纯白色；三是使用

最佳拍摄时间 每年的7、8月，若尔盖草原上鲜花盛开，草原也呈现出一片碧绿色，非常优美。

器材准备 高原地区日照充足，光线反差大，中灰渐变镜是非常有必要携带的滤镜。

快门：1/125s
光圈：f/8.0
ISO：100
测光模式：评价测光
曝光补偿：0.0EV

拍摄说明

场景中为阴天，拍摄者将照片格式设置为RAW格式，由于改变了照片格式，获得了更大的宽容度，天空和地面的细节均得到了较好的展现。

快门：1/125s
光圈：f/8.0
ISO：100
测光模式：点测光
曝光补偿：0.3EV

拍摄说明

天气晴朗，天空和地面的亮度差异很大，拍摄者使用中灰渐变镜压暗了天空的亮度，从而保持了画面中天空与地面亮度的均衡。

评价测光对画面整体进行测光，但这样依然会导致天空和地面曝光的不准确。

为解决这个问题，可以用中灰渐变镜。将中灰渐变镜灰色的部分对准天空，起到阻挡天空亮度的作用，然后将透明的部分对准地面，这样地面的曝光就不会受到影响。使用中灰渐变镜后，使天空过高的亮度变暗，使用点测光对地面部分进行测光，确保地面曝光准确。

RAW格式能获得更大的宽容度。在大光比场景中，建议设置照片格式为RAW，照片明亮的部分和灰暗的部分都可以保留更多细节。

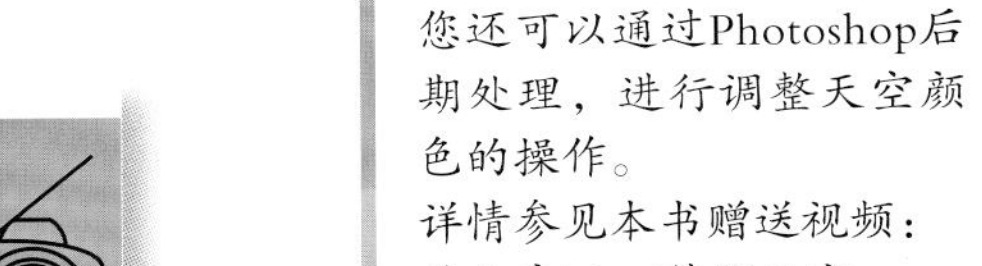

您还可以通过Photoshop后期处理，进行调整天空颜色的操作。
详情参见本书赠送视频：第九章\9-4替换天空——色彩范围法

中国红叶第一山

光雾山

笔者作为四川人，对中国红叶第一山——光雾山可谓情有独钟，从 2000 年至今已经去过 7 次，那红满全山的美景一直是我脑海中抹不去的最美记忆。光雾山风景区位于川陕交界处的四川省南江县境内，距陕西省汉中市 55 千米，距南江县城 60 千米，面积 830 平方千米，主峰海拔 2 508 米，年均气温 16.2℃，森林植被覆盖率达 95%。作为中国红叶第一山，它的红叶景观非常壮美，每年还有红叶节。

光雾山景色十分优美，但是拍摄起来却有些困难：一是光雾山的植物茂密，导致光线整体偏暗，这点即使是在晴天也未必能有明显改善。所以拍摄时很可能会使用到较高的感光度。由于拍摄这样的

最佳拍摄时间 红叶节因满山红叶而得名，最初起源于光雾山深秋红叶，红叶节时间为每年的 10 月中旬至 11 月底。

器 材 准 备 在光雾山，主要是拍摄红叶和溪水。拍摄红叶可能会用到长焦镜头，因为可能会对红叶进行特写拍摄。也可能会用到广角镜头来拍摄一些较大的场景，或是拍摄溪水之类。此外由于光线很暗，拍摄溪水的时候需要降低快门速度，因此三脚架也是必备的器材。

拍摄说明

山林中光线很暗，理应使用大光圈拍摄，但是风景摄影需要获得足够的景深范围，因此需要收缩光圈。这里将光圈缩小到f/8.0之后，曝光时间延长到了1/25s，所以这时就需要用到三脚架，将三脚架的快装板安装到相机的底部，然后将相机安装到三脚架上，最后将三脚架摆放在平稳的地面上。拍摄时，可以使用快门线或Wi-Fi遥控功能启动相机快门，以减少按动相机快门按钮时产生的震动。

光雾山地面湿滑，因此在架设三脚架时一定要仔细挑选位置，尽量选择平坦粗糙的地面。架设好三脚架后，不要急着将相机安置到三脚架上，先用手试探一下三脚架的稳定性，确定比较稳固之后再安装相机到三脚架上。

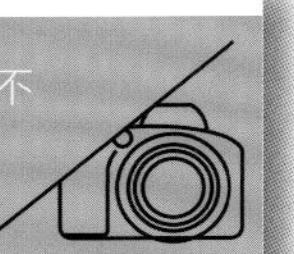

自然风光对景深和快门速度是有要求的，所以在不使用三脚架的情况下，提高感光度是应对这样的弱光环境的唯一办法。

二是光雾山溪水纵横，湿气重，尤其要小心器材被打湿。除了避免相机或镜头等落入水中外，将摄影包放置到一旁的时候，也要注意地面上是否非常潮湿，以免水将摄影包浸湿，导致包内器材受潮甚至进水。

在其他条件不变的情况下，曝光时间越长，相机晃动对画面的影响就越大，因为在整个曝光过程中相机晃动产生的轻微模糊，最终都会被累加起来，滚雪球一样越发明显。

以右图为例，拍摄这张照片的时候，快门速度已经延长到 1s，因此稍有震动，都可能导致这样模糊的照片出现。所以在拍摄的时候一方面要尽量避免震动，减少一切可能导致机身震动的因素；另一方面拍完以后要注意检查照片是否清晰，尤其是要将照片放大到 100%，仔细检查画面的局部是否清晰锐利。

拍摄光雾山中的溪水时，难点主要是光线亮度较低，这时最佳的方法是将相机安装到三脚架上，然后将三脚架

TIPS 小提示

如果拍摄者想要让细小溪流显得更有气势，不应该采用长焦镜头将它们放大，而应该使用广角镜头贴近溪流拍摄。广角镜头会夸大近大远小的透视感，这样拍摄的溪流由于靠近镜头，会显得更加开阔，而远处的景物远离镜头，会显得细小，从而反衬出溪流的壮观气势。

架设在平实的地面上，并要注意防滑。如果想要获得涓涓细流的画面效果，需要控制好曝光时间。当曝光时间长于 1s 时，水流就很容易出现如上页图这样的柔美之感。常见的问题是现场光线太强，曝光时间延长后导致曝光过度。遇到这种情况，应该先收缩光圈到最小，然后降低感光度到最低。

拍摄说明

使用慢速快门拍摄的水流，也要适当考虑增加曝光补偿值，才能获得更准确的曝光。

拍摄说明

拍摄红叶的时候，要注意适当搭配，例如这里采用一个远景的取景，用远摄变焦镜头完成构图，将红叶与旁边的黄叶、绿叶搭配在一起，形成一种色彩缤纷的感觉。而如果单独拍摄红叶，就会显得比较单调。此外，由于光线较暗，因此需要提高感光度，通过拍摄参数可以看出此图的感光度设置到了ISO 400。但为了保证景深和清晰度，依然使用f/16.0这样的小光圈拍摄。

快门：1/25s
光圈：f/16.0
ISO：400
测光模式：评价测光
曝光补偿：0.0EV

最美的色彩
东川红土地

2013年，受当地摄影协会的邀请，我有幸去了一趟著名的东川红土地。东川境内以小江为界，东侧乌蒙山系，最高峰牯牛寨，海拔4 017.3米。西部为拱王山系，最高峰雪岭，为“滇中第一峰”，海拔4 344.1米。最低海拔695米，高差3 649.1米。由于其特殊的地形，使这里形成了典型的“一山分四季，十里不同天”的立体气候。

红土地本身的色彩应该是比较鲜艳的，但是由于天气原因，普通的拍摄方法并不足以展现出红土地的绚烂色彩。右下图是采用了普通的光圈优先模式拍摄的照片。

为了更好地展现色彩，我采用了风景模式这个常常被专业摄影师忽略的拍摄模式。相机自动调整至一种很适合表现风景和色彩的状态，而摄影师则更多专注于取景构图，即可得到下页大图的效果。

构图方面，通常采用横幅取景来表现开阔感，也可以尝试使用竖画幅。竖画幅构图在这里营造出一种很强的纵向延伸感，观者的视线会顺着画面下方向上方延伸，从而获得一种具有层次感的视觉感受，仿佛故事娓娓道来一般，红土地的美也逐渐呈现开来。

最佳拍摄时间 每年的9月至12月，一部分红土地翻耕待种，另一部分红土地已种上青稞、小麦和其他农作物，远远看去，色彩绚丽斑斓。

器材准备 东川红土地非常辽阔，反而不太需要广角镜头，而是需要长焦镜头以便从辽阔的场景中截取出最美丽的“精华”。

TIPS 小提示

对于一些本来就很鲜艳的场景，建议不要再使用风景模式去夸大它，否则很可能会导致色彩的颜色鲜艳过度，使照片看上去十分失真。颜色鲜艳过度的具体表现是物体的细节被浓烈的色彩取代，完全无法辨识。例如一片绿色的草地，正常情况下应该可以看到青草的细节、阴影等，而如果颜色鲜艳过度，就只能看到一块绿色的色块。

快门：1/250s
光圈：f/7.1
ISO：200
测光模式：评价测光
曝光补偿：0.0EV

拍摄说明

采用风景模式拍摄，非常鲜艳的色彩得以呈现，仿佛是上帝的调色盘被打翻了一般。

拍摄说明

采用全景模式拍摄的照片，画幅比例变得很宽，超过了目前常用的最宽比例16：9。

拍摄说明

同样采用全景模式拍摄。如果与普通的拍摄方式相比较，就会发现这张照片的视野范围远远超过了任何一个广角镜头，宽阔的视野展现出红土地的壮美。

快门：1/250s
光圈：f/7.1
ISO：200
测光模式：评价测光
曝光补偿：0.0EV

您还可以通过Photoshop后期处理，进行拼接全景照片的操作。
详情参见本书赠送视频：
第九章\9-2用蒙版拼接全景照片

另一个不太需要使用广角镜头的原因是目前的微单相机基本具备了全景拍摄功能。通过连续拍摄和自动拼接，可以获得极为广阔的视野范围。对于东川红土地这样视野开阔、没有遮挡的场景来说，非常适合使用这种全景拍摄功能。

不过全景拍摄功能有两个小小的缺点：一是照片与照片之间的拼接处可能会有瑕疵，存在比较明显的接缝，遇到这种情况只能重新拍摄一次再检查；二是得到的照片虽然视野开阔，但画面也变得细长，如上图和左图中这样。

东方夏威夷

三亚

三亚地处北纬 18°，是我国海南岛最南端的一座城市，毫不夸张地说，三亚有着地球上最迷人的风景，四季如夏，鲜花盛开，素有“东方夏威夷”之称。来到这个向世界出口阳光与空气的地方，连心都被这碧海蓝天融化。

三亚可以说是中国少有的海滩度假胜地，在三亚的短短 7 天里，我做了很多事情：在第一市场做海鲜美食，喝一杯新

快门：1/250s
光圈：f/7.1
ISO：200
测光模式：评价测光
曝光补偿：0.0EV

拍摄说明

茂密的椰林场景，这时光比很大，天空的亮度高，而椰林、阴影处比较暗，使用HDR功能拍摄，获得了较丰富的细节和层次。

最佳拍摄时间 三亚几乎没有最佳拍摄时间一说，从旅游的角度看，每年的9月至次年4月是传统的旅游旺季，这个时段的游客较多，反而对摄影不利。另外每年夏季的时候可能会出现台风天气。

器材准备 除了传统的摄影器材外，到三亚还可能会参与一些水上项目，因此如果能准备一个具有潜水功能的相机，就可以大大拓展拍摄题材。

鲜椰子汁，来一份抱罗粉当早餐，到红沙渔排上吃海鲜，到蜈支洲岛看珊瑚，到鹿回头看三亚夜景，在椰梦长廊拾贝壳……

在三亚这样的海边拍摄，一个比较大的问题是光线非常强烈。而微单的主要取景方式是通过液晶屏取景。可是在阳光下，即使增加液晶屏亮度，也可能出现屏幕看不清的情况。一旦屏幕看不清，不仅取景构图变得非常困难，连回放检查照片也变得十分不便。

这时比较好的方法是采用EVF取景，EVF通常位于微单的顶部，是一个电子取景装置。将眼睛凑上去之后，四周的光线会被眼罩阻挡，这样就可以非常清楚地看到取景器里的画面，而不会受到四周强烈阳光的干扰。

海边往往日光强烈，可以利用日光来拍摄具有艺术感的剪影照片。不过剪影照片对于光源的位置有要求，光源必须位于被摄体的后方，拍摄者则位于被摄体前方。因此符合这个条件的拍摄时间正是日出或日落的时候。

拍摄说明

以独立的椰树作为主体来表现，这时要注意，椰树处于逆光，因此要适当增加曝光补偿值。

一些高档微单相机和镜头会具有“防尘防水滴”功能，请格外注意，有这种功能不等于可以潜水，仅限于下雨或短暂淋水的防水，不能进行水下摄影。

快门：1/2 000s
光圈：f/8.0
ISO：100
测光模式：评价测光
曝光补偿：–0.5EV

拍摄说明

利用日落时的金色光线，使画面产生了漂亮的暖色调，同时使人物产生剪影效果，这种既有艺术感又能反映当地特色的照片是旅行摄影的佳作。

日出时，太阳虽然光线强烈，但位置较高

日落时，太阳位置降低，产生剪影效果

拍摄剪影的时候，如果发觉主体的亮度比较高，没有形成纯粹的阴影状态，则可以尝试降低曝光补偿值，或是在相机中增加照片的对比度。

快门：1/250s
光圈：f/7.1
ISO：200
测光模式：评价测光
曝光补偿：0.0EV

拍摄说明

骑自行车的人以剪影的状态呈现，使照片显得更加写意。拍摄这种有运动感的场景时，还可以尝试让画面稍稍倾斜一

5 大漠明珠

敦煌沙漠

众所周知，敦煌以莫高窟闻名于世，精美的壁画和雕塑瞬间就让人凝神，还有雅丹魔鬼城的神秘，月牙泉的纯净，鸣沙山的大气……我有幸去了敦煌的月牙泉与鸣沙山。

敦煌古称“沙州”，地处河西走廊的最西端，是古代丝绸之路上的重镇。汉代大使出使西域时，从长安出发，一路向西延伸到敦煌，北道出玉门关，南道出阳关，通往西域各国，敦煌因此成为必经之地。沿着古老的丝绸之路往西，雄伟壮丽的长城、遍地的文物遗迹、浩繁的典籍文献、精美的石窟艺术、神秘的奇山异水……使这条苍茫古道至今仍流光溢彩。

在沙漠中拍摄，比较考验拍摄者的构图技巧。总体来说，有三方面的内容需要注意：首先，沙漠中缺少参照物，因此拍摄者稍微倾斜一下镜头，就

最佳拍摄时间 5月至10月是敦煌旅游的旺季，不过建议避开黄金周及公共假期，这样，来敦煌旅游，相对没有那么拥挤。

器材准备 在敦煌地区的沙漠中拍摄，建议最好选择具有防尘性能的机身和镜头，可以有效避免机身或镜头内部进入灰尘。在镜头方面，比起视野宽广的广角镜头来说，长焦镜头更方便从复杂的沙漠线条中截取需要的部分，因此可以获得更加精确的构图。

快门：1/320s
光圈：f/7.1
ISO：100
测光模式：评价测光
曝光补偿：0.0EV

拍摄说明

大漠中的驼队一直延伸到远方，驼队和沙丘产生的线条感为照片增添了不少魅力。

可以很自然地改变线条的走势，让平缓的线条变得陡峭，或是让陡峭的线条变得平缓；其次，改变拍摄的角度，也能改变线条产生的感觉，使平缓的直线变成具有冲击力的斜线；最后，沙漠中线条丰富，更加需要拍摄者通过长焦镜头去截取需要的部分组成画面。

沙漠环境有个特点，那就是广袤无垠。由此产生一个问题，即画面往往显得过于开阔，缺少层次的变化。因此在构图的时候，要更加注意运用前景来构成画面。

如果细心观察，还能在沙漠环境中发现不少有意思的前景。比较常见的是沙漠中稀少的植物，这些植物作为前景不仅视觉上可以产生点缀作用，还能产

正常拍摄，得到的是一条比较平缓的线条

同样是平缓的线条，稍稍旋转一下相机，立刻变得陡峭起来

正面拍摄时，建筑展现出平缓的线条感

改变角度从侧面拍摄，线条变得倾斜并具有一种延伸感

快门：1/2 500s
光圈：f/7.1
ISO：200
测光模式：评价测光
曝光补偿：0.0EV

拍摄说明

运用长焦镜头从广袤的沙漠中截取需要的曲线和光影，画面简洁而富有诗意，产生一种极强的形式上的美感。

生具有生机的画面。其次，沙漠中的一些绿洲也可以被利用，产生的倒影可以作为一种前景。最后，最为常见的是利用沙漠中的脚印来构成前景。对于前景的处理，既可以让它们虚化，也可以让它们清晰展现，不过在沙漠环境中，建议收缩一些光圈，让它们清晰呈现，能表现出更好的层次感。

如左图所示，两张照片分别运用了不同的前景，第一张照片采用植物作为前景，衬托远处的建筑遗迹。第二张照片则采用绿洲的倒影作为前景，与实景相映成趣

快门：1/2 500s
光圈：f/7.1
ISO：100
测光模式：评价测光
曝光补偿：0.0EV

拍摄说明

收缩光圈到f/7.1，保证了足够的景深，让前景的脚印与作为主体的植物同样清晰，画面的层次感变得很强。

快门：1/2 500s
光圈：f/7.1
ISO：100
测光模式：评价测光
曝光补偿：0.0EV

拍摄说明

拍摄运用前景延伸的脚印构图，观看这张照片的时候，观者视线会顺着脚印一直延伸到远方，最终停留在蜿蜒的驼队上。

中国历史文化名村

丹巴

丹巴，被誉为“中国最美丽的乡村”，位于四川省甘孜藏族自治州。丹巴旅游资源丰富多彩，自然风光神奇美丽，“天然盆景”、党岭风光，集雪山、森林、海子、温泉、草甸于一体；墨尔多神山，纳山、水、林、崖、洞 108 胜景于一炉，是休闲度假、探险旅游、回归自然的最佳去处。还有古碉、莫斯卡格萨尔石刻等人文景观。

最佳拍摄时间 春、秋两季为丹巴的最佳旅行摄影时间。

器材准备 丹巴地区并不是一片坦途，因此光线反差会比较大，山谷中的场景很暗，而天空又会比较明亮，因此准备中灰渐变镜很有必要。另外为了展现村落的环境氛围，还需要使用视野比较广的超广角镜头。如果是早晨光线不好的时候拍摄，还需要带上三脚架。

快门：1/125s
光圈：f/7.1
ISO：100
测光模式：评价测光
曝光补偿：0.0EV

拍摄说明

拍摄这样的大场景时，除了收缩光圈外，还要注意焦点的位置应该对准较远的地方，这样才能充分利用焦点前后的景深范围。

使用200mm长焦镜头拍摄，显得俯角很大（上图）

更换为18mm广角镜头拍摄，视角变得平缓，远处的山脉、雾气也展现出来（下图）

说起来，丹巴也是人杰地灵，在和当地人闲聊时得知，在日本娱乐圈大红大紫的女歌星阿兰，全名是阿兰·达瓦卓玛，正是出生于丹巴的美人谷。可惜此行没有机缘与美人偶遇，不过风景倒拍摄了不少。

在丹巴拍摄的时候，可以充分利用丹巴的独特地貌。拍摄者可以在附近的山坡上，从高处俯拍。俯拍可以增强视野，产生一种开阔感，但是这种俯拍方式，拍摄者移动自身位置的意义不大，很难明显改变取景角度。不过拍摄者可以选择更换不同焦距的镜头来调整照片的视角，通常来说，当其他条件不变时，采用长焦镜头，俯拍的角度会显得更大一些，而采用广角镜头，则俯拍的视角会显得更加平缓一些。

拍摄说明

为了展现出丰富的层次，拍摄者选择从高处进行俯拍的同时，使用了焦距较短的18mm广角镜头，于是角度显得平缓，同时远处更多的景物也展现出来，增加了画面的层次感。

由于具有山谷类型的地面，光影会非常有特点，在拍摄时可以多利用侧光，增强景物的立体感和光影对比。当天气晴朗的时候，通常在日出、上午、下午和日落的时候比较容易形成侧光，时间上越靠近正午，越难形成侧光。阴天则很难形成明显的光影对比。侧光照射下，无论是山谷还是建筑，都会形成一种亮部与暗部的对比，阴阳呼应，使画面产生立体之美。

拍摄说明

在侧光的照射下，具有地方特色的碉楼被自然地分割为明暗两个部分，形成一种强烈的立体构成感。从整个画面来看，也是明暗错落有致、相互衬托。

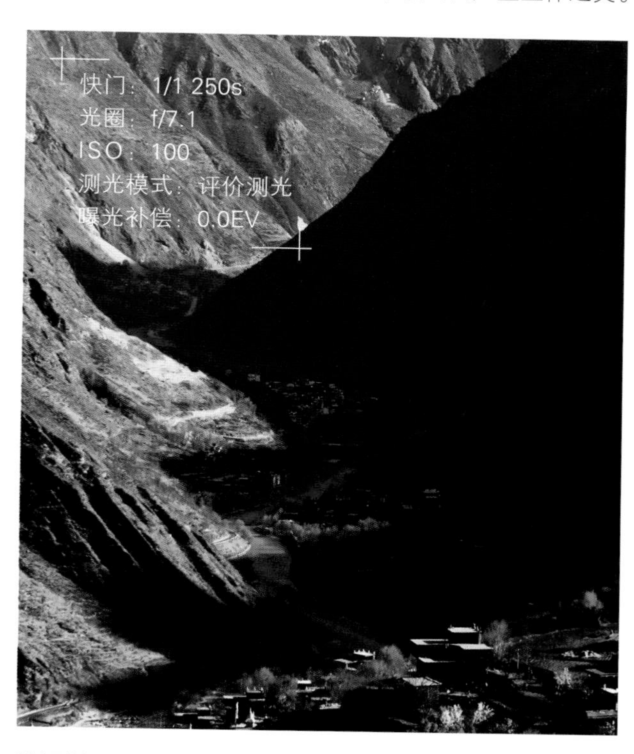

拍摄说明

阳光从山谷的一侧照射过来，在另一侧山谷上形成了巨大的阴影，这种阴影衬托出了山之高，谷之深，与低矮的建筑形成对比。

当决定利用自然光的方向特点时，一定要做好现场的观测工作，可以前一天前往拍摄地点，通过指南针判断出东西方向。在白天的时候，太阳会沿着东西方向运动，因此东西方向其实也就是景物明暗对比所在的方向。

快门：1/1 250s
光圈：f/7.1
ISO：100
测光模式：评价测光
曝光补偿：0.0EV

拍摄说明

来自侧面的光线不仅让建筑的立体感得到了展现，同时还照亮了梯田上的农作物，在阳光照射下散发着勃勃生机。

洁白美丽的地方

甘孜

甘孜县位于甘孜藏族自治州西北部，雅砻江上游。甘孜县境内的景点包括雅安贡嘎雪山、稻城亚丁神山、九龙梅地贡嘎山、塔公雅拉雪山、巴塘措普沟、康区著名的寺庙南无寺等。甘孜县境内的物产也十分丰富，有鹿茸、麝香、贝母、虫草等名贵药材和鹿、水獭、马鸡等珍贵动物。传说甘孜城的西北坡有一块形如绵羊的白玉，洁白无瑕，阳光照射下闪闪发亮，光彩夺目，十分美丽，可惜我没有探访到。

最佳拍摄时间 夏、春、秋三季最佳。冬季气候比较恶劣，不适宜旅行摄影。

器材准备 甘孜地区既有山脉也有草原，幅员辽阔，因此可以准备超广角镜头，配合具有全景拍摄功能的机身，捕捉视野极其辽阔的画面。

快门：1/1 250s
光圈：f/5.0
ISO：100
测光模式：评价测光
曝光补偿：0.0EV

拍摄说明

来自侧面的光线不仅让建筑的立体感得到了展现，同时还照亮了梯田上的农作物，翠绿的色彩在阳光照射下跃然纸上。

笔者在当地取景构图的时候发现一个问题，常用的中灰渐变镜在这里变得不太好用了。原因是这里的地貌起伏变化大，天地之间并不一定是通过地平线分界，而有可能是线条弯曲的山脉。

为了解决光线反差的问题，可以开启微单相机中的 HDR 功能。打开这个功能后，可以不需要三脚架来固定相机，但是一定要尽量保持相机的平稳。按下快门按钮后，相机会自动连续拍摄一组照片，并自动进行合成，稍等片刻，就可以看到一张具有高动态范围的 HDR 照片了。

地势广袤可以展现出气势，但是在构图方面可能存在问题，那就是广袤的环境可能导致画面显得空洞。因此在构图的时候，要时刻注意选择一个能够吸引观者注意力的主体，并让这个主体可以突出地展现在画面中。

通常在对焦的时候，也需要将焦点的位置对准主体所在的位置。如果光圈收缩比较小，例如在 f/8.0 左右，则可以将焦点对准远处的景物，这时景深范围已经可以覆盖主体，所以不用担心主体模糊。

全景功能的用法在之前已经有所介绍，不过在甘孜有一个特殊之处，那就是牛羊比较多，全景照片需要采用拼接的方式拍摄，照片与照片之间接缝的位置必须能够对整齐。而牛羊是动物，会不停地走动，所以在使用全景功能的时候，要注意避免牛羊等动物出现在画面的边缘，因为拍摄时单张照片的边缘就是整个全景画面的拼接接缝处。

另外全景照片在拍摄的时候，是由微单相机自动进行拼接的。拼接过程中，相机也会对镜头的畸变进行校正，这种校正会损失掉画面边缘的内容。所以在安排主体的时候，一定要避免主体位于全景照片的边缘，否则很可能会在机内拼接照片的时候，误将重要的主体剪切掉或是剪断。

快门：1/400s
光圈：f/7.1
ISO：100
测光模式：评价测光
曝光补偿：0.0EV

TIPS 小提示

通常拍摄全景照片的时候，都是横向移动相机，这样可以快速完成全景照片的拍摄。不过为追求更大的照片尺寸，也可以将相机竖过来，采用竖拍的方式。横向移动相机进行全景拍摄同样视角的全景照片时花费的时间更多，不过照片的尺寸会更大一些。

拍摄说明

采用全景模式拍摄的宽视野照片，同时以画面右侧卧着的牦牛作为明确的主体，吸引观者的注意力。

如左图所示，画面的视野确实开阔，但是仔细观察画面的话，却发现没有一个明显的视觉中心，观者的视线很难在某一处长久停留，导致画面显得空洞无物

东方的阿尔卑斯 四姑娘山

四姑娘山位于阿坝藏族羌族自治州小金县与汶川县交界处，是横断山脉东部边缘邛崃山系的最高峰。四姑娘山被当地藏民奉为神山。听当地老乡说，四位美丽善良的姑娘，为了保护她们心爱的大熊猫，同凶猛的妖魔作英勇斗争，最后变成了四座挺拔秀美的山峰，即四姑娘山。

这四座山峰长年被冰雪覆盖，如同头披白纱、姿容俊俏的四位少女，依次屹立在长坪沟和海子沟两道“银河”之上。四个姑娘中以幺妹最为身材苗条、体态婀娜，现在人们常说的“四姑娘”指的就是这座最高最美的雪峰。

在四姑娘山区域拍摄是比较辛苦的，海拔较高、缺氧，再加上登山对体力的消耗会比较大，这时精简器材显得尤为重要，

最佳拍摄时间 每年的7、8月是四姑娘山的最佳旅行季节。这段时间满山鲜花盛开，一片花团锦簇。这个时候温度偏高，可以下水享受雪山之水的清凉。10、11月，四姑娘山的秋色也宛如一幅美丽的画卷，非常适合摄影。

器材准备 拍摄山景，很可能会用到长焦镜头，因为需要使用长焦镜头对远处的山峰进行特写拍摄。如果镜头的焦距比较长，可能还需要携带三脚架或是独脚架，用于稳定机身。除了常规的器材外，还可以为微单相机准备一件防水的外套，以防遭遇雨雪天气。

快门：1/250s
光圈：f/7.1
ISO：100
测光模式：评价测光
曝光补偿：0.0EV

拍摄说明

采用200mm长焦镜头对远处的山脉进行特写拍摄，展现出山脉的细节纹理。

微单相机轻便小巧的优势也能更好地体现出来。

为了让山峰上的岩石显得更加锐利清晰，可以活用创意风格功能。当我们在设置菜单中选中某种创意风格后，可以通过机身下方的软键进入OPTION选项，在这里，可以对锐度进行增减。拍摄山峰时，增加一些锐度，可以表现出山峰陡峭、险峻的感觉。之所以要通过创意风格设置来增强画面的锐利度，而不选择在后期处理的时候进行，是为了减少后期处理时的工作量，因为旅行摄影的照片数量往往比较多。

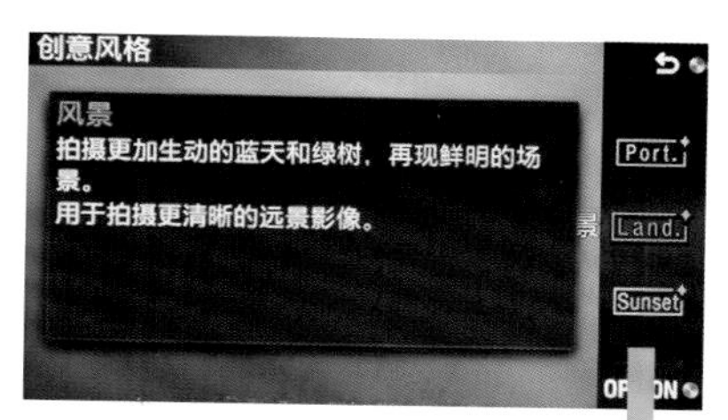

如上图所示，在创意风格选项中选中某种创意风格，例如风景或标准

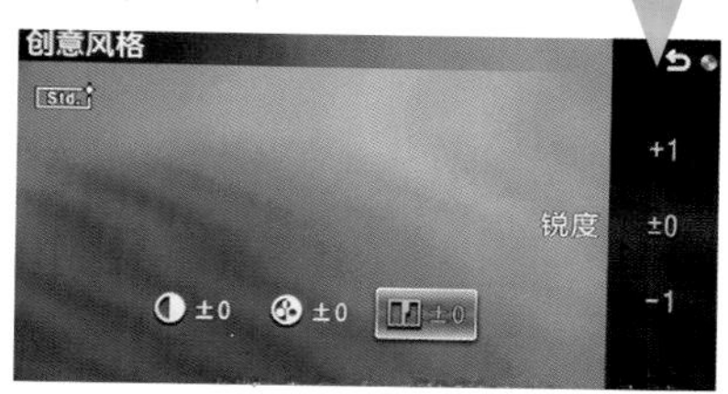

如上图所示，进入OPTION选项，找到锐度设置，即可增减锐度

TIPS 小提示

除了设置创意风格外，还可以通过收缩光圈来提高画面的锐度。收缩光圈提高的实际上是镜头成像的锐利度。

快门：1/250s
光圈：f/8.0
ISO：200
测光模式：评价测光
曝光补偿：0.0EV

拍摄说明

同样是采用200mm长焦镜头对远处的山脉进行特写拍摄，为了更好地提升锐利度，在创意风格中增加锐度值为+1。

真正的大地艺术

元阳梯田

元阳梯田位于云南省元阳县的哀牢山南部，是哈尼族人世世代代留下的杰作。它在旅游界与摄影界的名气都很大，2013 年第 37 届世界遗产大会上元阳梯田被

最佳拍摄时间 元阳 5 月插秧，9 月收割，12 月向田里灌水。梯田最佳拍摄时间为 11 月至次年 4 月。1 月至 2 月景色最美，春节前后经常有云海出现。元宵节前后，野樱花、野木棉花、野桃花和棠梨花盛开。

器材准备 要想拍摄好元阳梯田，镜头方面重要的是补齐焦距，不仅要有能够展现壮美感觉的超广角镜头，还要有焦距比较长的长焦镜头用于截取梯田中的线条美。

快门：1/250s
光圈：f/7.1
ISO：400
测光模式：评价测光
曝光补偿：0.0EV

拍摄说明

元阳梯田与日落壮美的红霞相映成趣。

列入世界遗产名录，成为我国第 45 处世界遗产，使中国超越西班牙成为第二大世界遗产国，仅次于意大利。

从摄影的角度看，元阳梯田的主要魅力是它具有非常优美的线条，以及简洁的平面，因此在拍摄的时候，主要是要运用好线和面，进行画面构成。此外，还需要注意梯田与周围风景之间的呼应，通过环境来衬托梯田的美。

元阳梯田表面有很多水，这些水就像镜子，会反射光线。这些反射的光线可能导致相机的测光系统测量的结果不太准确，因此建议使用更加精确的点测光进行测光。通常来说，正确的测光位置是梯田表面，而不是田埂处。对梯田表面进行点测光，可以更好地展现梯田的环境色彩。

另外需要注意的是，梯田本身是没有什么色彩的，我们看到或者拍摄到的色彩是一种环境的色彩。例如日落的时候，梯田就会呈现出黄色、橙色等；阴天的时候，可能会呈现出蓝色。

除了被动等待外，也可以通过设置白平衡的方式改变照片的色调。通常来说，使用白炽灯白平衡，画面会偏向冷色调；使用阴天、阴影白平衡，画面则会偏向暖色调。

使用评价测光拍摄

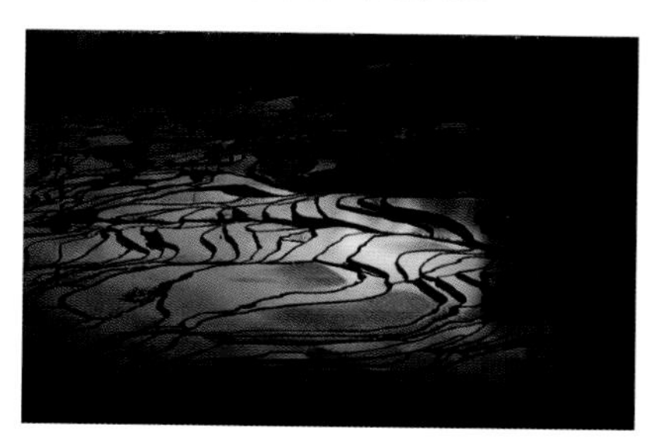
使用点测光拍摄

使用白炽灯白平衡模式拍摄

使用阴天白平衡模式拍摄

您还可以通过Photoshop后期处理，
进行改变照片色调的操作。
详情参见本书赠送视频：
第五章\5-4改变照片的整体色调

TIPS 小提示

通常拍摄水景，我们会使用偏振镜。但是拍摄元阳梯田的时候，建议不要使用偏振镜来消除反光，因为这样会影响元阳梯田的色彩表现。

喀纳斯的明珠

禾木

新疆阿勒泰山区的禾木村位于西北边陲，离布尔津县165千米。禾木是国内保留最完整的蒙古族支系图瓦人的村落，传说住着成吉思汗的后裔。禾木村最出名的是万山红遍的醉人秋色，炊烟在秋色中袅袅升起。不过我倒是觉得这里的地貌也很有特点，寸草不生的戈壁竟与生机盎然的绿洲并存。

在禾木，很容易拍摄到大场景的风光，但这对景深控制提出了更高的要求，景深最大化才能获得最为清晰锐利的照片。景深与三个因素有关，一是拍摄距离，二

最佳拍摄时间　6月和9月可以算是禾木的最佳旅行时间，6月有漂亮的花海，而9月则可以看到秋季美景。这时也是禾木的旅游旺季，不仅消费比平时高，旅游人数也比较多，不一定适合旅行摄影。其实从风景变化的角度来看，禾木一年四季都可以拍摄出漂亮的照片。

器材准备　在禾木拍摄，一个比较重要的附件是偏振镜，它起到三方面的作用：一是可以让天空变得更蓝；二是可以消除河流表面的反光，展现河流的色彩；三是能够消除岩石上的反光，使岩石看上去更棱角分明。

快门：1/250s
光圈：f/8.0
ISO：100
测光模式：评价测光
曝光补偿：0.0EV

拍摄说明

偏振镜的运用起到了画龙点睛的作用，让河流的色彩得到了展现，同时也消除了树叶和地面的反光。

如下图所示，通过水平辅助线可以看出，照片构图完全符合水平线构图，贯穿画面的桥梁显得非常笔直，给人一种平稳的感觉

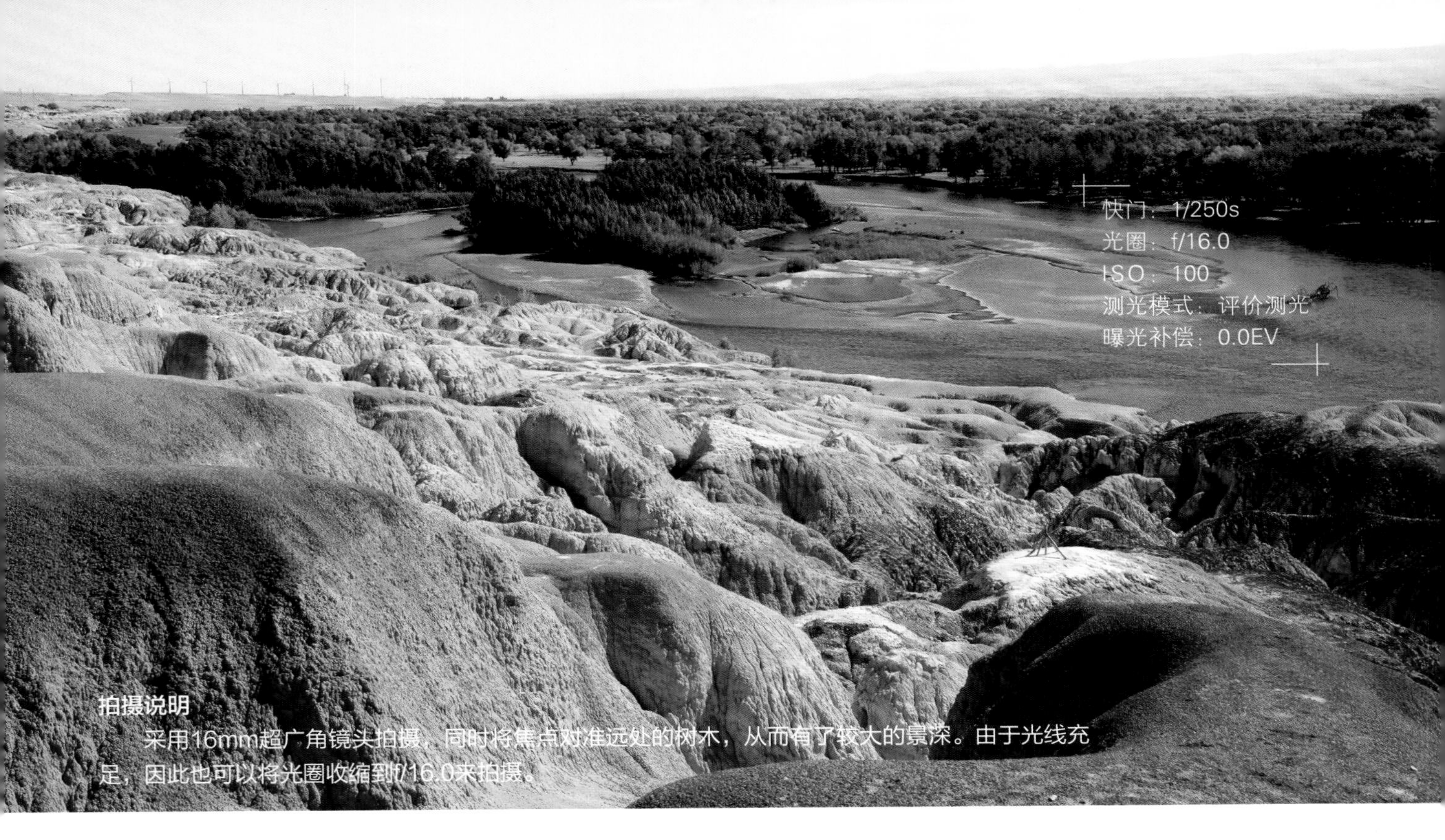

拍摄说明

采用16mm超广角镜头拍摄，同时将焦点对准远处的树木，从而有了较大的景深。由于光线充足，因此也可以将光圈收缩到f/16.0来拍摄。

是镜头焦距，三是镜头的光圈。因此，要想让景深最大化，就要同时采用较远的拍摄距离、较短的镜头焦距，以及较小的光圈。拍摄距离的直接体现，是焦点在画面空间中的位置，实质上焦点的位置靠前还是靠后，对景深范围有很大影响，通常建议焦点靠后，靠近远处的风景，而不要靠近前方。

截取自前景，非常清晰

截取自远景，依然十分清晰

窗含西岭千秋雪

西岭雪山

快门：1/320s
光圈：f/6.3
ISO：100
测光模式：评价测光
曝光补偿：0.5EV

西岭雪山位于四川省成都市大邑县境内，因唐代诗人杜甫的千古绝句“窗含西岭千秋雪，门泊东吴万里船”而得名。景区内有终年积雪的大雪山，海拔 5 364 米，为成都第一峰，还有云海、日出、森林佛光、日照金山、阴阳界等变幻莫测的高山气象景观。

在西岭雪山上拍摄的时候，可以多注意同样的角度在不同高度的拍摄效果。登山时，随着高度增加，即使是同样的拍摄方向也会产生不同的画面效果，所以在摄影过程中要多加尝试，寻求不同的构图效果。

最佳拍摄时间 西岭雪山一年四季美景不断，任何季节去都可以拍到不错的照片。
器 材 准 备 除了广角和长焦镜头外，还可以选择带上独脚架，同时充当登山杖使用。

在较低的位置拍摄

同样的拍摄方向，在较高的位置拍摄

如果遇到下雪天气，可以为镜头安装遮光罩，以免雪直接落到镜片上，融化后形成水渍。

拍摄说明

通过在不同高度的多次尝试，找到了较好的取景位置。稍稍增加一些曝光补偿值，避免洁白的云海产生灰暗的效果。

绿色宝地

神农架原始丛林

神农架林区位于湖北省西部，东临襄阳市保康县。它拥有当今世界中纬度地区唯一保存完好的亚热带森林生态系统，是最富特色的世界级旅游资源。从小就听到很多关于神农架的传说，最有名的自然是神农架野人传说，此行没有看到什么野人，倒是听了不少有趣的故事。在神农架拍摄的时候，除了关注大场景的风光外，一些山林间的小景致也值得留意。

快门：1s
光圈：f/8.0
ISO：100
测光模式：评价测光
曝光补偿：0.0EV

拍摄说明

采用减光镜后，快门速度下降，使用三脚架稳定相机后拍摄，让流动的溪水产生了漂亮的雾化效果。

快门：3s
光圈：f/16.0
ISO：100
测光模式：评价测光
曝光补偿：0.0EV

最佳拍摄时间 神农架没有明显的最佳拍摄时间。从气候上看，神农架地形小气候明显，“东边日出西边雨”的现象时有发生。其气候时空变化较大，有“六月雪，十月霜，一日有四季”之说。9 月底到次年 4 月为神农架的冰霜期，这个时期路况可能不太好。

器 材 准 备 建议带上减光镜和三脚架，在拍摄天空的云彩或是山间溪流的时候可以使用。

拍摄说明

使用减光镜降低了光线的总量，从而能够使用慢速快门曝光，拍出云彩流动的效果。

丝绸之路要冲

吐鲁番盆地

“世界上最富有的露天考古博物馆”——瑞典人贡纳尔·雅林对吐鲁番如此评价。吐鲁番是古代文明和现代文明的融合之地，也是东西方文化和宗教交织与融合的地方，是中国丝路遗址最为丰富的地区。

吐鲁番有沙漠，还有很多特色的地域建筑。拍摄这些建筑的时候，建议少用正面取景，这样容易让画面显得过于正式，看起来就像旅游纪念照一样。为了增强艺术效果，可以多用侧面取景，增强建筑的纵深感。同时注意构图的时候附带一些环境信息，通过环境来反映建筑所在地的整体特点。

最佳拍摄时间 由于气候原因，7月至9月是吐鲁番旅游的最佳时间，这期间进行旅行摄影也是很好的选择。不过就风景来说，最好的季节还是9月。

器材准备 准备一块偏振镜，不仅可以让天空变得更漂亮，还可以用于消除建筑表面的反光，展现细节。

TIPS 小提示

拍摄建筑物的时候，通常不要选择正午，这时太阳的高度太高，会形成顶光。最好是在日出日落时，或是早上、下午晚些时候，这时的光线能彰显建筑物的立体感。

利用周围环境更好地衬托出建筑物的特色

快门：1/200s
光圈：f/16.0
ISO：100
测光模式：评价测光
曝光补偿：0.0EV

拍摄说明

从侧面取景，同时借用一旁的建筑物来形成引导视线的线条，增强画面的表现力。

14 九寨归来不看水

九寨沟

九寨沟位于四川省阿坝藏族羌族自治州九寨沟县漳扎镇，有 9 个藏族村寨，因此被称为九寨沟。九寨沟海拔在 2 000 米以上，沟内有 108 座高山湖泊，湖泊在当地又被称为海子。水是九寨沟最主要的景观，有“九寨归来不看水”之说。此外，九寨沟内还有大面积原始森林。

快门：1/200s
光圈：f/16.0
ISO：400
测光模式：评价测光
曝光补偿：0.0EV

拍摄说明

将树木作为前景，远处的瀑布位于接近黄金分割点的位置上，二者相互呼应，相映成趣。

最佳拍摄时间 九寨沟一年四季风景秀美，比较有特色的是 10 月。此时九寨沟已经入秋，大部分树叶已经完全变色，或是金黄，或是赤红，分外妖娆。除此之外，每年 1 月和 2 月，入冬后的九寨沟也很有特色，会变成冰雪装扮的童话世界。

器材准备 在九寨沟拍摄，一块好的偏振镜必不可少，此外减光镜、中灰渐变镜等滤镜也很重要，拍摄一般的风景、水景的时候会用到它们。

九寨沟主沟呈 Y 字形，总长 50 余千米，主要依靠景区内的游览车观光。当然，拍摄者可以在站点下车，步行拍摄。

在九寨沟拍摄，最大的问题不是风景不美，而是风景太多，多到拍摄者无从下手，构图困难。因此，建议多使用中长焦镜头，从眼前的美景中截取需要的部分。另外，九寨沟植被众多，因此在构图时，可以多利用这些植物作为前景，通过这种前景吸引观者的注意力，或者是增强画面的层次感。

在九寨沟拍摄，用得最多的滤镜是偏振镜。偏振镜主要有四个方面的用途：一是可以让天空变得更蓝；二是可以消除水面的反光，方便展现水底的奇异色彩；三是能够消除树叶表面的反光，这样可以让树叶的色彩得到更好的展现；四是可以降低 1.5EV 左右的曝光量，方便减慢快门速度，拍摄慢门的水流照片。

您还可以通过Photoshop后期处理，进行调整照片色调的操作。
详情参见本书赠送视频：
第二章\2-8通过可选颜色精细调整部分色彩

如上图所示，没有使用偏振镜的情况

如上图所示，使用了偏振镜后产生偏冷色

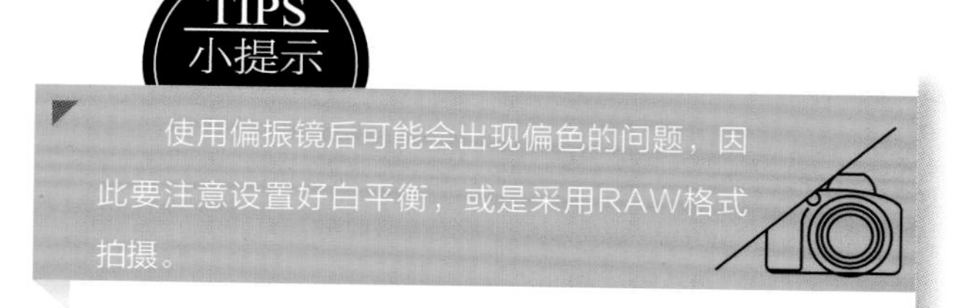

15 中国最大观景平台

牛背山

牛背山位于四川省雅安市荥经县三合乡瓢儿沟，海拔 3 666 米，又被称为野牛山。在 2009 年被四川著名摄影家吕玲珑发现。牛背山山顶视野开阔，被誉为“中国最大的观景平台”，是久负盛名的摄影秘境。云海和星空是牛背山最大的拍摄要素，但要去一趟牛背山绝不是一件容易的事情，不仅交通不便，山顶的接待设施也不够完善。

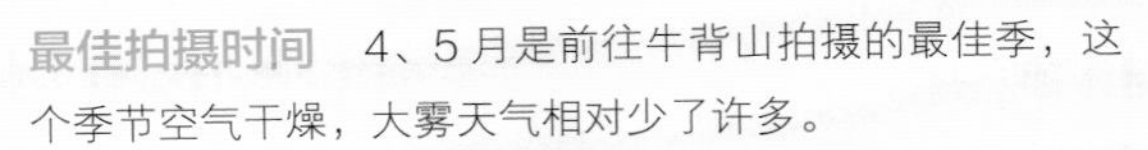

最佳拍摄时间　4、5 月是前往牛背山拍摄的最佳季，这个季节空气干燥，大雾天气相对少了许多。

器材准备　站在开阔的山顶，更加需要长焦镜头来截取风景中的重点表现区域。

拍摄云海的时候，在构图上最好找到一些视觉突出的元素，以免画面显得过于空洞。左上图中，除了山就是云雾，缺少视觉突出的元素。相比之下，左下图中则引入了一个拍摄者在画面中，不仅让画面整体的凝聚力更强，也通过这个人物衬托出云海的广袤。

除了依赖构图技巧外，还可以运用日出时独特的光线来增强画面的层次感。牛背山是一个绝佳的观看日出的平台，当太阳升起的时候，天空中的光线会产生由蓝色到黄色再到橙色的渐变色彩。这时如果再配合相机的 HDR 功能，可以让这种层次变化更加强烈。

拍摄说明

除了使用HDR功能增强层次感外，还将白平衡设置为太阳光白平衡，以便真实再现现场的光线色彩，展现出日出时漂亮的冷暖对比。

您还可以通过Photoshop后期处理，进行强化天空层次的操作。
详情参见本书赠送视频：
第九章\9-3设置有层次的天空图像

大理母亲湖

洱海

洱海位于云南省大理市的西北，是云南省第二大淡水湖，中国第七大淡水湖。洱海是目前国内热门的旅游景点，在洱海住下，环湖游览拍摄，是一件颇为惬意的事情。在

最佳拍摄时间 四季皆宜。
器 材 准 备 由于可能会使用小光圈拍摄，或是在夜晚拍摄星空，因此准备一支三脚架很有必要。

快门：1/125s
光圈：f/16.0
ISO：100
测光模式：点测光
曝光补偿：0.0EV

拍摄说明

画面中前方的船只和远处的风光都是同样清晰的，除了使用小光圈外，还要记住，焦点的位置选在远处为宜。

洱海除了拍摄人文景观外，还有大量的自然风光可以拍摄，似海的湖水、静谧的星空都是理想的拍摄对象。

洱海地区的天气非常好，有时候阳光洒在水面上，会产生波光粼粼的效果，非常漂亮。但是要想通过相机拍摄下这种富有美感的画面，需要在设置的时候使用小光圈。使用小光圈拍摄，能够让水面的反光产生光芒四射的感觉，使反光点变得更具有艺术感。

在平时拍摄的时候，一方面由于光线充足，所以也建议使用小光圈来拍摄，以便获得足够的景深，让前景与背景中的画面细节都得到同样清晰的展现；另一方面设置小光圈还可以提高镜头分辨率，让画面整体看上去更加锐利。

17 群山之子

三奥雪山

三奥雪山位于中国青藏高原东麓，四川阿坝藏族羌族自治州的黑水县境内，距黑水县城芦花镇 16 千米，距成都 310 千米。三奥雪山在当地被称为神山，由三座独立的雪山组成，它们皆为金字塔形山峰，成品字形并列相连。

三奥雪山的独特之处是它具有特殊的铁矿区域，铁氧化后，呈现出漂亮的红色。在使用相机拍摄的时候，一方面要注意表现这种红色，让它们鲜艳突出，在相机设置中稍稍增加一些饱和度会有明显效果；另一方面，拍摄完之后要观察画面的色彩表现情况，如果红色区域形成没有细节的色块，则要稍稍降低一些饱和度重新拍摄。

最佳拍摄时间 11 月至次年 3 月会有比较大的降雪，6 月至 7 月大雨和雷电较多，因此通常最佳拍摄时间为 9、10 月，或 4、5 月。

器材准备 除了各种常用器材外，还需特别准备独脚架。在山区独脚架往往比三脚架更方便一些，既可以增强相机的稳定性，又可以充当临时登山杖使用。

您还可以通过Photoshop后期处理，
进行调整照片色调的操作。
详情参见本书赠送视频：
第二章\2-5应用色相饱和度调整色彩鲜艳度

快门：1/1 250s
光圈：f/6.3
ISO：100
测光模式：评价测光
曝光补偿：0.0EV

拍摄说明

在拍摄这种有特点的铁矿区域时，建议灵活采用不同的拍摄方式。采用广角拍摄，既展现出了铁矿石的整体感觉，又交代了它们所处的环境，溪水和山脉在画面中起到了很好的点缀作用。采用长焦距拍摄，近景的取景展现出铁矿石丰富的细节，近景的运用也让画面的重点更加突出，观者更容易注意到前方的石块。

中国最深的湖泊

长白山天池

长白山天池又名龙潭，位于吉林省和朝鲜两江道之间，是长白山的火山口湖，同时也是中国最深的湖泊。相比于新疆的天山天池，长白山天池无论是水面高度还是面积都要更胜一等。

天池的水很蓝，肉眼看上去呈现一片深蓝，但是在拍摄的时候，却有可能呈现淡蓝色。这时可以切换到 M 手动曝光模式，提高快门速度、收缩光圈或是降低感光度，来降低画面整体的曝光，从而获得与肉眼所见类似的深蓝色。

在构图方面，要尽量保障天池在画面中的完整性，这是拍摄湖

最佳拍摄时间　长白山区域四季分明，各有特色，春季满山都是花，但山顶上还是白雪皑皑，形成一种对比之美。夏季则是长白山天池高山大花园开花的季节。秋季秋高气爽，姹紫嫣红，也是观看天池的最佳季节。冬季的长白山则玩赏的乐趣多过摄影，可以滑雪、打猎、泡温泉等。

器材准备　山间可能多雨水，所以最好准备一些防水设施，一个小小的防水塑料密封袋可能会拯救你昂贵的摄影器材。

拍摄说明

这是直接采用18mm镜头拍摄的照片，18mm镜头并不算是超广角镜头，只是普通的入门级广角镜头，但是采用了微单相机的全景拍摄功能，因此还是可以让天池在画面中完整展现出来。

泊的一个要点。就如同拍摄人物的时候通常不宜截断人物脸部一样，拍摄湖泊通常也会追求让湖泊在画面中完整地展现，如右侧两幅图所示，将天池截断是不太好的构图方式。通常可以采用超广角镜头来拍摄，以便获得完整的展现，如果没有超广角镜头，也可以使用相机的全景拍摄功能。

TIPS 小提示

在长白山天池中，天空的蓝色往往不及湖水的蓝色深邃，因此如果想获得比较完美的效果，建议使用中灰渐变镜将天空再压暗一些。

您还可以通过Photoshop后期处理，进行降低照片亮度的操作。
详情参见本书赠送视频：
第二章\2-12调整图层蒙版编辑设置部分暗调

川西摄影天堂

新都桥

新都桥位于甘孜藏族自治州康定县境西部，距县城 81 千米。新都桥在摄影圈中的名气很大，被誉为“摄影家的天堂”。新都桥镇本身并不十分美丽，它的美在于新都桥由东向西 2 千米外的十里风景长廊。

新都桥的风景长廊风光秀美，但是拍摄时，如何取景构图成为一个难点，这里结合我的拍摄体验，给出一些建议。一方面，可以利用当地天气多变的特点，多运用光影来为画面塑形，尤其是在多云天气的时候，随时注意观察场景中光线的变化。另一方面，新都桥风景长廊的整体感觉是比较广袤的，拍摄这样场景的时候，要注意把握好场景中层次感的展现，并且建议增添一些比较明显的视觉元素，在画面中吸引观者注意力。

最佳拍摄时间 6月正值高原的春天，漫山遍野的野花让画面分外美丽。10月秋季来临，新都桥呈现金黄色。3、4月的春季除了可以赏花，若遇下雪还可欣赏白雪皑皑的美景。

器材准备 除了常规器材外，要格外注意防雨、防寒装备。电池建议多携带一些，因为低温会让电池的电量迅速消耗。

快门：1/80s
光圈：f/6.3
ISO：200
测光模式：评价测光
曝光补偿：–1.0EV

拍摄说明

云层的阴影让画面产生了明暗层次变化，由于场景中阴影较多，所以记得减少一些曝光补偿值，以便获得准确的曝光。

拍摄说明

将当地独特的建筑作为视觉吸引元素，前景中的建筑与背景中的自然风光产生一种人与自然的呼应关系，不仅画面优美，还传递出一些寓意。

上帝抛洒人间的项链

马尔代夫

马尔代夫位于印度洋上，在斯里兰卡的南方，被称为“印度洋上最后的人间乐园”。马尔代夫的岛屿是海底火山爆发形成的，因此山形地貌千变万化。马尔代夫全国分为 21 个行政区，其中包括 20 个行政环礁和首都马累。主要的环礁有北马累环礁、南马累环礁、北阿里环礁和南阿里环礁。

马尔代夫比较出名的是蓝天、白云和细沙。不过拍摄的时候，不能仅仅着眼于此。实际上除了这些海岸常见景观外，当地的建筑、各种细节也很有特色。另外不要错过日出和日落时段漂亮的光线，它们可以为画面渲染色彩。

左图中，用箭头标注出了画面构图的基本要点。首先

最佳拍摄时间 马尔代夫全年平均气温大约 30℃，温差小、湿度大，可以说气温稳定。不过马尔代夫有两个鲜明的季节：每年 11 月末至次年 4 月为旱季，每年 5 月至 11 月为雨季。雨季的雨水多，天气变化大，相对来讲是马尔代夫旅游的淡季，不过对于摄影爱好者来说，这个季节不仅游人较少便于拍摄，也更容易拍摄到天空云层丰富变化的照片。

器材准备 广角和长焦镜头都装备上，另外偏振镜的作用很大，可以改善天空色彩以及消除反光来展现水下的层次感。

快门：1/1 200s
光圈：f/6.3
ISO：100
测光模式：评价测光
曝光补偿：1.0EV

拍摄说明

马尔代夫的光线充足，并且水面、白云都会反射大量光线，所以测光的时候相机很容易认为画面曝光过度，需要拍摄者增加一些曝光补偿值才能得到比较准确的曝光。

快门：1/200s
光圈：f/16.0
ISO：200
测光模式：评价测光
曝光补偿：0.5EV

拍摄说明

在拍摄马尔代夫自然风景的时候，可以适当搭配一些建筑在画面中作为点缀。这里的露天浴池不仅丰富了画面构图，也表现了当地的风土人情和酒店特色。

水平线要位于画面的三等分处，这样画面显得更均衡。其次，画面左侧的建筑物要有一定的指向性，观者的视线会顺着建筑物延伸的方向移到画面中的水平线上，然后再随着水平线进行移动，从而完整地浏览整个画面。

运用水平线构图的时候，记住不要将水平线安排在画面正中间，这样会让画面显得比较呆板。如果想展现更多海面上的细节，则可以将水平线上移，使它位于画面上方的1/3处。而如果希望表现天空中漂亮的云层或色彩，则可以将水平线下移到画面下方的1/3处。另外，通常不宜拍摄纯净无物的海面，因为水平线的作用更多是吸引注意力，如果水平线附近什么都没有，画面就会显得十分单调。

您还可以通过Photoshop后期处理，进行矫正照片角度的操作。详情参见本书赠送视频：第一章\1-9扶正倾斜的照片

TIPS 小提示

为了一次性拍摄出水平线平直的画面来，建议使用取景器的同时打开相机的水平仪功能，这样可以在取景器内清晰地看到水平仪的提示。

快门：1/500s
光圈：f/16.0
ISO：400
测光模式：评价测光
曝光补偿：0.5EV

拍摄说明

拍摄者站在船头使用超广角镜头拍摄，通过提高感光度以获得较快的快门速度，避免因船只颠簸导致画面模糊。从构图角度看，打破常规，将水平线的位置压到了画面顶端，在画面中突出了船和海面。

人是最动人的元素，也是微单旅行摄影中的重要元素。旅行从某种意义来说就是为了与不同的人接触。有人才有故事，有人才有风景。

单纯从摄影画面的角度来看，将人纳入画面是一个聪明的做法。因为人的存在，你拍摄的风景变成了世界上独一无二的照片。

除了将人物作为画面组成的一部分外，也可以将人物作为画面的主要表现对象进行展示。这样就涉及对人物的引导、抓拍等一系列问题，除了具有与普通拍摄人物照片相似的问题外，微单旅行摄影中的人物拍摄还会存在一些与旅行相关的问题，本章将逐一为大家讲解。

Chapter 7

边走边拍　人物人文

1 运用光线的典型

赶马人

在大山包，我有幸遇到了赶马人，文艺一点的说法叫做“牧马人”。之前在脑海中反复构想这样一人一马的画面，终于有了拍摄的机会。拍摄赶马人也可以采用群体式的棋盘式构图，将马群和人物一起呈现在画面中，但那不是我所喜欢的重点突出的构图方式。

最佳拍摄时间 每年8月至10月，山上植物繁茂，而5月至10月则是雨季，这期间的雨水较多。
器 材 准 备 为了实现理想的拍摄效果，可以采用200mm长焦镜头进行拍摄，以便更好地将远处的赶马人纳入画面中。

要想提升画面的效果，要运用好现场的自然光。这里我所期望的是为人物和马匹增添轮廓光的效果，因为人物的服饰和马匹的皮毛很适合用轮廓光来展现。

要获得轮廓光的效果，需要满足两个基本条件：一是光源需要位于被摄体后方，或者顶部，因此天气晴朗的日出日落和正午都是理想的拍摄时间；二是被摄体的后方必须是深色的，这样轮廓光才能被看见。如果背景是浅色的，例如天空，那么轮廓光就会与背景混合在一起，无法展现出应有的效果。

快门：1/1 250s
光圈：f/6.3
ISO：200
测光模式：评价测光
曝光补偿：0.0EV

拍摄说明

除了对于光线的运用外，拍摄这样的照片建议在快门优先模式下进行，将感光度设置为自动，然后设置一个偏快的快门速度，以免被摄体因为运动而变得模糊。另一方面，为了提高拍摄成功率，建议打开相机的连拍功能。

异域的纯粹童真

新疆街头儿童

人人都知道新疆风景动人，我却对新疆街头的儿童比较感兴趣，在我眼里，孩子的笑容比任何风景都动人。

拍摄小孩是很难的，而拍摄陌生的小孩更是难上加难，主要的难点在于如何让小孩面对镜头时显得自然一些。通常我不会直接要求小孩做出一些动作，而是和他们做游戏，在他们玩耍的过程中，快速抓拍。

至于相机的参数设置，反而比较简单，切换到快门优先模式，将快门速度锁定在1/250s为宜，因为儿童可能会突然运动变化，使用这个快门速度拍摄比较保险。

最佳拍摄时间　每年的6月至10月适宜游览与拍摄。

器材准备　小巧的机身、外形轻便的大光圈镜头是成功的关键，如果器材太过于专业，反而不利于亲近陌生的小孩子。

快门：1/250s
光圈：f/6.3
ISO：200
测光模式：评价测光
曝光补偿：0.3EV

拍摄说明

看到前面有一个小孩在走路，我在后面跟他打招呼，于是在他回头看我的瞬间，我按下了快门按钮，得到了这张照片。

拍摄说明

这张照片展现了孩子自然的笑容，这主要依靠游戏引导，靠摆拍很难得到这种效果。

快门：1/250s
光圈：f/4.0
ISO：100
测光模式：点测光
曝光补偿：0.3EV

拍摄说明

我让两个小伙伴一起拍张照片，两个小孩就自己摆出了这个姿势，生硬的动作与儿童纯真的脸庞形成一种剧烈的反差，倒也颇为有趣。

您还可以通过 Photoshop 后期处理，进行修正人物歪斜的操作。
详情参见本书赠送视频：
第八章\8-14 校正倾斜的肩膀

千年的传承

制陶人

四川历来就有川陶“东荣西桂”之称，“西桂”即指桂花镇。四川成都彭州市桂花镇具有“西蜀陶瓷之乡”的美称，这次我探访的就是有近500年历史的“桂陶”。

制陶显得既神秘又有艺术气息，制陶现场也很神秘，光线暗到看不清制陶人的脸。这无疑给拍摄带来了很大困难。在多次前往尝试拍摄之后，最后我还是摒弃了三脚架，采用高感光度进行拍摄。

最佳拍摄时间 四季皆宜，但农历春节期间不宜前往。
器 材 准 备 具有防抖功能的镜头是比较理想的，如果没有则建议准备一支独脚架。三脚架是不太实用的，因为杂乱的现场往往没有空间安放。

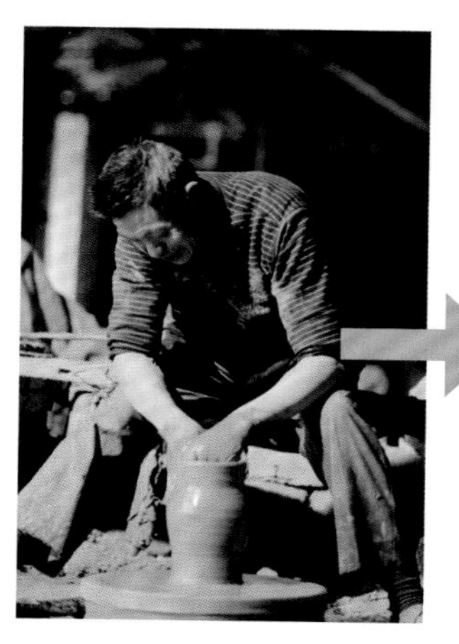

如上组图所示，设置高感光度拍摄，可以获得足够的快门速度，但是会产生很多噪点，所以建议各位使用黑白的方式拍摄，这样高感光度产生的噪点就不再是问题，反而可以渲染画面的那种古老怀旧的氛围

如上组图所示，除了拍摄制陶人外，还可以拍一些表现制陶厂环境的照片以及以陶器为主的近距离拍摄的照片

快门：1/25s
光圈：f/1.8
ISO：12800
测光模式：评价测光
曝光补偿：–0.7EV

拍摄说明

画面采用了黑白效果来呈现，因此画面中超高感光度产生的噪点问题不再突出，画面显得古朴又具有质感。

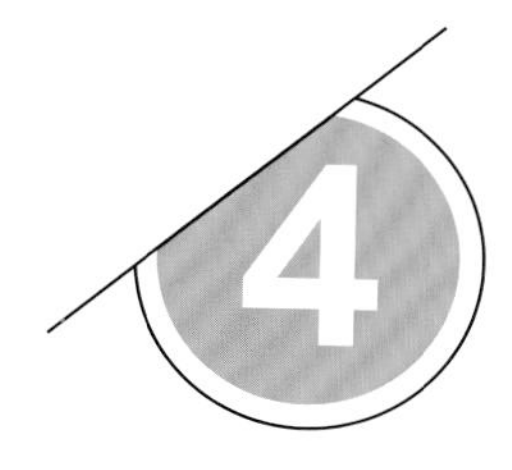

天使般的笑容

学校里的孩子

在前往四川省甘孜藏族自治州时，我们参观了其中一所小学，在小学里为孩子们拍摄了一些照片。看着孩子们天真的笑容，仿佛心都融化了。

拍摄孩子，要特别注意角度问题，大人们习惯站着从高处观察孩子，这样的拍摄效果并不好，会产生一种距离感。正确的做法是降低拍摄机位，从与孩子眼睛高度差不多的高度进行拍摄，捕捉自然的画面。

从高处拍摄孩子，产生疏远的感觉

最佳拍摄时间 甘孜旅游最佳时间为春、秋两季。甘孜州位于川西北的高山高原区，冬季漫长而且寒冷，夏季多雨、雾等灾害天气，因此出行甘孜应当选择春、秋两季。

器材准备 学校里的光线比较差，因此准备了闪光灯作为主要的光源。

快门：1/125s
光圈：f/5.6
ISO：100
测光模式：评价测光
曝光补偿：0.0EV

拍摄说明

使用闪光灯拍摄的时候，注意快门速度不要超过1/125s，慢于1/125s才能保证闪光灯的光线完全参与到曝光中来。

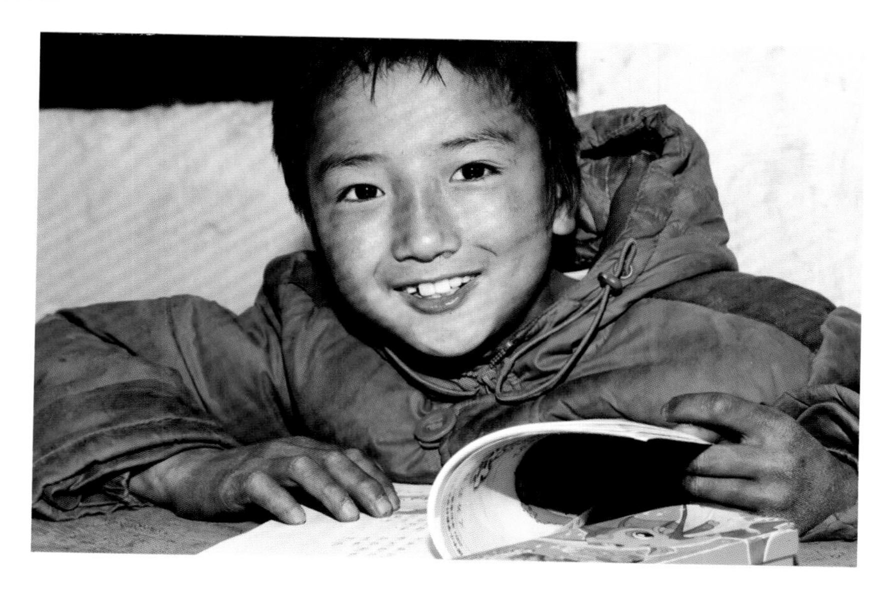

5 寻找行走的感觉

与众不同的纪念照

乌布是印度尼西亚绘画和艺术重镇也是世界闻名的艺术村。这里遍布大街小巷的工艺品商店和多个著名的博物馆，通过绘画、雕刻、音乐、舞蹈、纺织、摄影等多种形式彰显着当地数百年来的文化传承和艺术底蕴。走在这样的街头，自然忍不住想要留下一些纪念照片。拍摄纪念照片最忌讳在景点前整整齐齐站好拍摄，这样很容易使画面显得呆板。捕捉一些背影、侧影之类，或是人物刻意不看镜头，反而可以产生更好的画面效果，营造出行走的旅行感。

传统的纪念照给人一种呆板的感觉

最佳拍摄时间 建议避开4月，因为这是最炎热的月份，无论是旅行还是拍摄都特别容易疲劳。

器材准备 为了增强视觉冲击力，也为了更好地纳入风景元素，准备一支广角镜头很有必要。如果广角镜头具有大光圈则更好，可以有效降低对感光度的需要，获得更加纯净、细腻的画面。

快门：1/250s
光圈：f/4.0
ISO：800
测光模式：评价测光
曝光补偿：0.5EV

拍摄说明

采用广角镜头从背后拍摄，有一种抓拍感，这样的纪念照仿佛在诉说某个故事，画面中的地方更加令人神往。

旁若无人的旅行

巧妙自拍合影

尽管苏梅岛现在每天有十几个航班往来于曼谷、普吉岛和新加坡等地，但苏梅岛上并没有太多游客，依然保存着一份独立于都市之外的原始风味。这样浪漫的岛屿自然适合度假。在这宁静的浪漫中，其实可以尝试一下自拍合影。说起自拍，往往想到的是手持相机对着自己盲拍，但如果使用相机遥控器的话，可以自拍出更多风格的照片来。

自拍的时候，先使用三脚架将相机架好，松开三脚架

最佳拍摄时间 12月中旬至次年4月是最凉爽的季节，但也是旅游旺季，游人很多。4月至9月是苏梅岛最炎热的季节，这时天气炎热并伴随大雨。7月至9月是台风多发季节。10月至12月中旬雨势较大而且持续时间长。

器 材 准 备 一支三脚架是很有必要的。此外，还要准备一个遥控器用于触发快门。至于镜头，则主要根据拍摄场景而定。

快门：1/125s
光圈：f/7.1
ISO：200
测光模式：评价测光
曝光补偿：0.0EV

拍摄说明

将相机架到后方拍摄，可以先让同伴就位，然后将焦点对准同伴进行自动对焦，最后拍摄者自己入位进行拍摄。

的云台，转动相机进行取景构图，随后锁定云台，固定好相机。接着进行自动对焦，可以对远处对焦，也可以对人物预订的位置对焦，合焦后，可以将对焦模式切换到手动对焦，以锁定焦点的位置。参数设置方面，建议适当收缩光圈，获得足够的景深范围，以免出现人物模糊的问题。最后，走到画面中去，摆好姿势，使用遥控器触发相机快门即可。

适合微单的遥控器

TIPS 小提示

有些微单具有 Wi-Fi 遥控功能，相机可以自动生成一个无线网络，手机联入这个无线网络之后，就可以远程遥控相机进行拍摄。如果手上的微单有这种功能，就不必再购买遥控器了。

拍摄说明

长时间曝光拍摄的星空合影，通过三脚架和遥控器结合，以自拍的方式就能实现。

抓住旅行中的瞬间

巧妙抓拍旅行人物

美奈位于越南南部，是一个很有特点的地方，从地理上看，它紧挨大海，同时又具有沙漠地貌，可以说是一半海水，一半火焰。美奈是一个小渔村，经常有很多当地人来来往往，这次两个骑着摩托车的少年吸引了我，为了清晰地抓拍到他们，我将对焦模式设置为适合拍摄运动被摄体的AF-C模式，以持续对焦的方式拍摄。同时在快门优先模式下设置快门速度为1/500s，以确保人物的清晰。

最佳拍摄时间　5月至10月虽然降雨不多，但会影响旅行。11月至次年4月是美奈的旱季，是最适合旅行摄影的季节。

器材准备　准备一支中长焦镜头将大大方便抓拍沿途遇到的人物。

快门：1/500s
光圈：f/5.6
ISO：400
测光模式：评价测光
曝光补偿：0.0EV

拍摄说明

借助海边的日落获取剪影效果，但依然需要较快的快门速度才能保证剪影的清晰。

绚丽之岛

巴厘岛

巴厘岛是一个美妙的浪漫之地，是情侣们最爱去的地方之一。巴厘岛的绚丽不仅体现在它的民族色彩或是自然风光上，还体现在丰富的人文活动上。

要想拍出好的人文照片，主要有两个途径：一是善于抓拍，在被摄者还未察觉的情况下，从远处进行拍摄；二是积极主动参与到当地生活中去，近距离进行拍摄，这个时候要注意保持快门速度以免画面模糊。

快门：1/250s
光圈：f/7.1
ISO：400
测光模式：点测光
曝光补偿：0.0EV

拍摄说明

采用长焦镜头从远处抓拍正在演奏的鼓手，快门速度略快于镜头焦距的倒数即可。绚丽的服装和奇异的乐器无不在增强画面的感染力。

拍摄说明

使用 35mm 大光圈镜头抓拍的夜晚小酒馆的演出活动。积极参与到活动中去，有时候更加利于近距离拍摄。

最佳拍摄时间　去巴厘岛最好的时节是 5 月和 6 月，这段时间岛上气候宜人，并且游客相对是最少的。

器材准备　要在巴厘岛拍摄人文照片的话，推荐使用长焦镜头和 35mm 大光圈镜头。长焦镜头主要用于抓拍远处的题材，35mm 大光圈镜头则更适合一些昏暗的室内场景。

人类创造出了许多鬼斧神工的建筑。在旅行途中，可能会遇到各式各样风格迥异的建筑，这些建筑无疑是微单旅行摄影题材的重要组成部分。要拍好这些建筑，需要拍摄者对曝光、构图等基本摄影理论有清晰的认识，同时要注意合理运用相机的各种功能来完善画面效果。

寻找最佳拍摄机位、找到合适的角度、等待恰当的光线，这些风景摄影中的要素对于建筑摄影来说同样重要。

Chapter 8

边走边拍　风情建筑

最接近天堂的地方

色达

色达位于四川省西北丘状高原地区，甘孜藏族自治州东北部。色达最出名的是喇荣五明佛学院，堪称“世界第一”规模的佛学院。在色达拍摄佛学院，更多的时候要采用全景式拍摄，表现佛学院整体的面貌，让建筑与地势、光线、气候相结合，

最佳拍摄时间 色达日照充足，但是它的气温一点也不高，年平均气温为 -1℃。5 月至 10 月是去色达旅游的正常季节，11 月以后冬季有雪景可以观赏和拍摄，但这个时候交通不太方便，道路有冰雪，而且冬季高原上非常寒冷。

器材准备 首先，超广角镜头是必备的，它有利于展现大场景的气魄感。除此之外，还需要一支长焦镜头作为辅助，帮助截取一些突出局部的构图。

快门：1/80s
光圈：f/8.0
ISO：400
测光模式：评价测光
曝光补偿：0.0EV

拍摄说明

从高处俯拍的大场景画面，找到这样的拍摄地点往往比设置拍摄参数更加重要。

采用长焦镜头拍摄的画面

采用广角镜头拍摄的画面

展现出一种人工建筑与雄浑自然碰撞的壮美之感。

想要将色达佛学院的美展现出来，首先需要找到一个理想的拍摄位置。为了获得理想的画面效果，建议俯拍，这样更利于展现大场景，但需要找到一个比较高的拍摄地点，通过高点位与角度的结合，才能达到最好的效果。

除了地点外，还可以尝试不同的焦距来拍摄。随着镜头焦距的变化，不仅构图会产生变化，建筑的透视感也会随之而改变。通常情况下，广角镜头下拍摄的建筑群，建筑与建筑之间的距离会显得更远，整体看上去更稀疏。而使用长焦镜头拍摄的话，则会产生一种空间压缩感，建筑与建筑之间的距离会显得更近，建筑群显得更加密集。

善用微单相机的全景拍摄功能，尤其是对于拍摄色达这种规模宏大的佛学院来说，超广角镜头结合全景拍摄功能，拍摄出视角广阔的照片，可以更好地展现出现场的气势。

感受虔诚信仰

藏区

西藏令人神往，很多时候说起这个地方，人们想到的更多的是一些人文或是自然景观，其实这里的建筑也非常有特点，再加之天气晴朗、天空颜色漂亮，以天空为背景拍摄这些建筑，往往可以产生不错的画面效果。由于天空是蓝色，因此建筑上如果有黄色或橙色，就可以形成很好的冷暖对比。需要注意的是，藏区往往游人很多，因此对于一些热门建筑景点，不要指望有太好的拍摄效果，从艺术创作的角度来思考，这些所谓的热门并不是好的题材。

最佳拍摄时间 去西藏旅游必须避开雨季和寒季。西藏地处高寒地区，早晚温差大。西藏最佳旅行时间是每年的 7 月至 9 月，对于西藏的拉萨、日喀则、山南等交通便利的地方，全年都可以去旅游。

器 材 准 备 准备一块 CPL 偏振镜（圆形偏振镜），可以让天空变得更蓝，而且不会改变建筑本身的颜色。

知名建筑前游人众多，影响画面构图

拍摄说明

建筑上的金色与天空的蓝色形成一种冷暖色对比，同时采用了 CPL 偏振镜，增强了天空的蓝色，让画面看上去更加悦目。

快门：1/250s
光圈：f/8.0
ISO：100
测光模式：评价测光
曝光补偿：0.0EV

感受中华古韵
古朴寺庙建筑

极乐寺位于黑龙江省哈尔滨市南岗东端，为东北地区重要的佛教道场。极乐寺建于20世纪20年代，是黑龙江最大的近代佛教寺院建筑，也是东北三省的四大著名佛教寺院之一。

在极乐寺拍摄，重点是抓住微观与宏观两个方面。微观方面，重点是抓住一些建筑细节，通过对细节的近距离拍摄展现建筑中蕴含的文化底蕴。宏观方面则是注重建筑整体样貌的拍摄，可能运用广角镜头会多一些。

拍摄说明

通过长焦镜头将高处的建筑细节拉近构成画面，突出局部细节。

拍摄说明

采用广角镜头从低处仰拍，近处的画面展现出细节，远处展现出整体感。

最佳拍摄时间 单纯拍摄极乐寺的话，无所谓最佳拍摄时间。不过从哈尔滨旅行摄影来看，圣诞节前后是一个比较好的旅行摄影时间。因为冰雪大世界每年基本在 12 月 20 日试运行，1 月 5 日正式开放，所以 12 月 20 日之前来会错过最大的乐趣。另外，春节不是好时候，因为在东北人的观念里，初一到初五都是走亲访友的日子，所以服务行业大多停业。

器 材 准 备 如果是冬季前往，多准备一块电池是关键。同时可携带长焦镜头以拍摄建筑的各种细节。

快门：1/200s
光圈：f/4.0
ISO：100
测光模式：评价测光
曝光补偿：0.0EV

拍摄说明

对寺庙门把手的特写，红色与金色搭配，结合古朴的造型，凸显中华古韵。

万国建筑博览

鼓浪屿

由于历史原因，中外风格各异的建筑物汇集于此，让鼓浪屿有了“万国建筑博览”之称。鼓浪屿是音乐的沃土，人才辈出，钢琴的人均拥有数量居全国之冠，因此又得美名“钢琴之岛”“音乐之乡”。鼓浪屿给人一种幽静的感觉，我特别喜欢这里的街道，既安静又干净。拍摄这些街道的时候，可以借助晴天的光线，天气晴朗的时候，阳光不仅具有暖色调，还能产生比较明显的光影对比效果。斑驳的光影可以增强画面的立体感和安静的氛围。

最佳拍摄时间 鼓浪屿属亚热带海洋性季风气候，温暖湿润，光热条件优越，没有寒冬也没有酷暑。这里阳光充足，一年四季花木繁盛。春秋两季最适合旅行，冬季也比较温暖。但 8 月份是台风季节，海边的船只全部停运，需要格外留意台风动向。

器材准备 超广角镜头更适合展现狭小的街道。

拍摄说明

作为主体的建筑上被投射了斑驳的阴影，给人一种历史感，同时让人感受到一份午后的宁静。

快门：1/125s
光圈：f/8.0
ISO：200
测光模式：评价测光
曝光补偿：0.0EV

拍摄说明

画面中的电线杆为吸引视线的主体，通过几根电线让电线杆与四周的景物建立了关联。

5 山水人文秀美之地

徽州

徽州风光秀美，又具有山水人文之景，粉墙黛瓦的江南徽派建筑与之相得益彰，素有“一生痴绝处，无梦到徽州”之美称。我前往徽州拍摄的时候，运气不佳，天气情况非常糟糕。对于摄影来说，糟糕的天气并不是指大风、大雨或大雪，这些天气也许极端，但也可能产生好的照片，真正糟糕的天气是阴天。阴天过于平淡，光线可以说没有任何个性，既没有漂亮的天空，也没有光影对比，同时也缺乏色彩的变化。

为了解决这个问题，我最终觉得采用黑白的方式来展现这些建筑。本身这些建筑的线条、轮廓分明，适合采用黑白方式来展现。另一方面，使用黑白效果后，天空和水面缺乏色彩的问题也得到了解决。

最佳拍摄时间　春、夏、秋为宜。

器 材 准 备　带上中长焦镜头，拍摄时更有利于建筑线条保持平直。

以彩色方式展现，画面中色调单调乏味

快门：1/50s
光圈：f/8.0
ISO：200
测光模式：评价测光
曝光补偿：0.0EV

拍摄说明

索性直接采用黑白的方式展现，不仅回避了色彩的问题，也让画面整体的基调更显古朴。

国家历史文化名城

山城重庆

重庆四面环山，依山而建，因长江和嘉陵江在此交汇而得名江城；由于地形立体，起伏变化大，又称山城。夜色是重庆最为著名的一景，重庆的观景台众多，夜晚凉风吹拂，两江风光尽收眼底。拍摄夜景，首先要有一个好天气。这样到夜晚的时候，能见度才比较高，灯光才能显得通透明亮。其次，拍摄的时间也很重要，既不能太早，也不能太晚。如果时间太早，城市里的灯光还没有完全亮起，拍摄效果不理想；如果时间太晚，天空会显得比较暗淡，画面的层次感会减弱。比较理想的拍摄时间是在太阳落山后半个小时左右。

另外作为山城，重庆的一些特殊的交通工具也颇为有趣，例如过江索道。要拍摄过江索道，就要展现出索道所处的环境特点。起初我想使用广角镜头，但发现广角镜头

最佳拍摄时间　重庆当地有句俗语：“春早气温不稳定，夏长酷热多伏旱，秋凉绵绵阴雨天，冬暖少雪云雾多。”因此相对来说春季比较适合旅行摄影。

器材准备　如果准备在重庆拍摄夜景，那么三脚架是必备的器材。

快门：1/500s
光圈：f/8.0
ISO：800
测光模式：评价测光
曝光补偿：0.0EV

拍摄说明

设置小光圈以保证背景中的建筑有足够的清晰度，同时提高感光度以便获得足够的快门速度。

拍摄说明

收缩光圈与降低感光度后，快门速度变得很慢，因此这时只有使用三脚架来维持机身的平稳，保持画面的清晰。

无法让索道在画面中显得突出。于是后来采用长焦镜头，效果格外好，通过长焦镜头得到具有压缩感的画面，索道后方的建筑、索道下方的河流都被纳入画面，形成了环境交代充分、索道又突出的画面效果。

TIPS 小提示

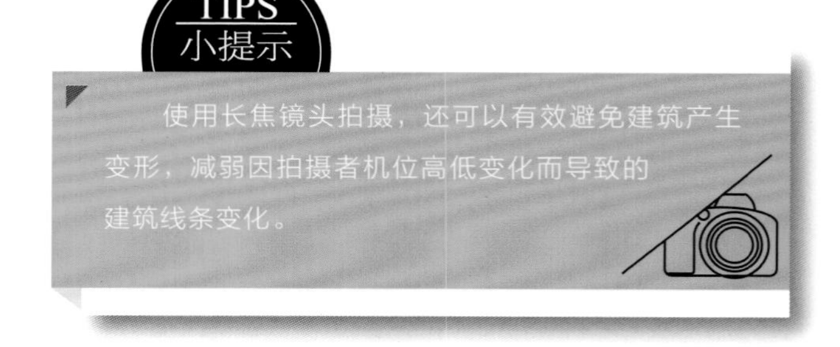

使用长焦镜头拍摄，还可以有效避免建筑产生变形，减弱因拍摄者机位高低变化而导致的建筑线条变化。

7 鱼米之乡，丝绸之府

乌镇

乌镇是江南四大名镇之一，是一个具有六千余年悠久历史的古镇。走进乌镇，中国水墨画式的画面感扑面而来，激发着我的拍摄欲望。

在乌镇拍摄要想获得理想的效果，需懂得在最恰当的时间拍摄。最佳的时机是早上，这时光线比较柔和，并且色彩偏暖，太阳高度也比较低，可以获得丰富的光影对比效果。

最佳拍摄时间 春天前往拍摄较好，可以感受烟雨蒙蒙的江南。

器材准备 一支长焦镜头，一支独脚架，在早晨拍摄的时候更方便。

快门：1/80s
光圈：f/5.6
ISO：100
测光模式：评价测光
曝光补偿：0.0EV

拍摄说明

在桥上使用长焦镜头抓拍远处的小船，将对焦模式切换到 AF-C 模式更有利于抓拍。

旅行中会遇到各种各样的动物，例如旅店主人饲养的猫猫狗狗，或是野外的一些野生动物。这些动物其实也是微单旅行摄影题材的重要组成部分。因为动物往往是与环境相关的，一个地方因为特殊的地貌、气候因素，才会有特定的动物群体，所以拍摄动物本身其实也就是记录了当地的环境特征。

拍摄动物的时候，除了像动物摄影那样，设置高速快门，突出动物主体外，也可以考虑纳入一些环境因素来展现画面，增强动物与环境、动物与人的结合，使这类动物旅行摄影作品看上去更加丰富。

Chapter 9

边走边拍　各种动物

路上偶遇的宠物宝贝

猫猫狗狗

洞里萨湖又名金边湖，湖泊狭长，位于柬埔寨的心脏地带，是东南亚最大的淡水湖泊。游览洞里萨湖需要乘坐游轮，在售票处门口，很多可爱的猫咪在台阶上睡觉，完全无视四周来来往往的人们。

这些熟睡的猫咪激起了我的拍摄欲望，我使用长焦镜头小心靠近，拍摄它们的特写。要想获得看起来让人有亲切感的猫咪照片，一定要记得放低相机的高度，采用贴近地面的角度拍摄。为了取景方便，我采用

最佳拍摄时间 每年5月至10月为雨季，这时的湖水较深，可以乘船前往的地区较多。

器材准备 拍摄猫咪采用长焦镜头是很好的选择，因为猫咪往往对陌生人比较敏感，容易逃开。

拍摄说明

拍摄两只猫咪的时候，要分清楚主次关系，这里将靠前的猫咪作为主体，靠后的猫咪作为陪衬来构图，主次得当，画面重点突出。

快门：1/500s
光圈：f/2.8
ISO：320
测光模式：评价测光
曝光补偿：0.0EV

拍摄说明

拍摄单一猫咪在构图方面会更容易一些，猫咪的头部最好位于画面的黄金分割点上。

了微单相机的翻转液晶屏取景。不过采用翻转屏的时候，手持相机的稳定性会下降，所以还要注意适当提高一些快门速度。

猫咪给人的印象是慵懒、安静，相比之下，小狗就更加活泼好动，因此拍摄小狗的时候，主要在于抓拍运动场景。要拍好小狗，一个难点是对焦。自动对焦需要设置为 AF-C 模式，以适应运动的效果。但是由于微单相机采用的是对比度检测对焦，所以如果光线不好，对

上图通过井字形构图法，找到画面中的黄金分割点，并将猫咪的头部对准画面中的黄金分割点，从而让猫咪的整个身躯在画面中比较均衡地呈现出来

拍摄猫咪的时候，对焦点应该对准猫咪的眼睛所在位置。对于熟睡的猫咪，对焦时要选择猫咪皮毛上色彩相间的位置，而不要选择纯色区域。

焦性能就会有比较明显的下降，可能会出现时而合焦、时而脱焦的情况，导致如下图所示的脱焦照片。因此，建议打开连拍模式，以提高拍摄成功率。

放大观察后可以看出小狗其实脱焦了，是模糊的

您还可以通过 Photoshop 后期处理，进行修正模糊照片的操作。详情参见本书赠送视频：第四章\4-7 清晰化模糊的照片

快门：1/320s
光圈：f/4.0
ISO：400
测光模式：评价测光
曝光补偿：0.0EV

拍摄说明

提高快门速度、收缩光圈、使用连拍模式，这些手段都可以大大提高拍摄小狗的成功率。

顽皮悦动的小精灵

猴子

峨眉山是中国的四大佛教名山之一，去峨眉山除了拜佛，还可以“戏猴”。拍摄猴子的时候，建议切换到 AF-C 连续自动对焦模式，因为猴子是比较活泼好动的，通常我们对猴子头部进行对焦，而猴子的头部转来转去，就容易产生脱焦的问题。因此若要一直保持焦点的清晰，持续进行对焦才行。此外就是多运用连拍功能，将照片格式设置为 JPEG 格式，以提高连拍的张数，一次性获得更多的照片。

有时候，猴子会在林中活动，这时猴子所处的环境中，背景往往是深色的树林，所以最好是通过曝光补偿功能，减少一些曝光补偿值。这是对“白加黑”减曝光原则的一种运用，从而避免猴子曝光过度。

最佳拍摄时间　春、秋两季是最适合到峨眉山进行旅行摄影的季节，这个时段山中气候适中，景致迷人。如果只是对拍摄猴子有兴趣，基本上全年都可以，不受时节限制。

器 材 准 备　峨眉山的猴子非常调皮，因此为了自身的安全，最好使用长焦镜头从远处进行抓拍，以免受到猴子的骚扰。

拍摄说明

一只母猴带着一只小猴，使用长焦镜头从远处进行连拍，从一组照片中挑选出猴子的动作姿态比较好的一张。

拍摄说明

猴子背后是黑黑的树丛，因此应降低一些曝光补偿值为宜。由于猴子在树林间嬉戏玩耍，这时快门速度要稍微提高一些。

纵马奔驰大草原

草原马匹

塔公草原是一个风景区，也是甘孜州最著名的草原。它位于四川省甘孜藏族自治州康定县塔公乡内，康定城西北部 113 千米处，地处海拔 3 730 米的高原地带，因此如果担心高原反应的话，建议携带一支小型氧气瓶。

拍摄大场景的时候，注意适当收缩光圈，保证整个画面足够清晰，让马匹和风景都同样处于清晰的状态。

而使用长焦镜头拍摄的时候相对复杂一些，一方面

最佳拍摄时间　每年的夏季和秋季是最好的拍摄时间，夏季可以拍摄到绿油油的大草原，秋季则可以拍摄到金色的原野。冬季建议不要前往。

器 材 准 备　广角镜头可以很好地展现马群，长焦镜头则可以集中拍摄远处的某一匹马，两种镜头都十分有必要携带。此外，考虑到体力问题，还可以携带三脚架用于支持机身与镜头，减轻负担。

快门：1/1 000s
光圈：f/2.8
ISO：100
测光模式：点测光
曝光补偿：0.0EV

拍摄说明

通常长焦镜头拍摄远处的马匹，特写马头与人物的头部形成对比效果，加深了画面的艺术感染力。

要设置比较快的快门速度，避免画面中马匹因为运动而模糊，同时也避免画面整体的模糊。另一方面在对焦的时候采用 AF-C 连续自动对焦模式，同时注意保持对焦的状态，以便让马匹时刻保持清晰。同时可以使用大光圈，让背景适当虚化，使马匹更加突出。

快门：1/200s
光圈：f/8.0
ISO：100
测光模式：评价测光
曝光补偿：0.0EV

拍摄说明

使用广角镜头拍摄草原上的马匹，同时携带了大量环境信息。

风吹草低见牛羊

羊群

呼伦贝尔草原位于大兴安岭以西，因呼伦湖、贝尔湖而得名。草原地势东高西低，水草丰美，是中国保存最完好的草原之一，有“牧草王国”之称。

在呼伦贝尔可以看到成群的羊，在拍摄羊的时候可以着力于以群体的方式来呈现。在构图方面要格外注意羊群的整体形态，通常应该是规则的几何形状或是明显的线条感。这里通过不断拍摄，得到了羊群形状为三角形的照片。

最佳拍摄时间 呼伦贝尔夏季最佳旅游时间为5月中旬至9月中旬；冬季最佳旅游时间为11月至次年的2月中旬。

器材准备 超广角镜头可以用于展现羊群的整体感，而24～35mm焦段的镜头则用于拍摄羊群的生存环境特写。

除了拍摄羊群的整体画面外，还可以结合环境拍一些羊的特写照片。这里建议不要使用长焦镜头从远处拍摄，一方面长焦镜头产生的透视感显得平淡，另一方面长焦镜头的视角太窄，不利于展现环境。建议采用24～50mm这个焦段范围的镜头来拍摄，既能展现出一定的立体感，又可以清楚地交代环境。

由于羊群在运动，因此这两次拍摄都没有得到满意的构图，羊群呈现出不规则形状

快门：1/500s
光圈：f/6.3
ISO：200
测光模式：评价测光
曝光补偿：0.0EV

拍摄说明

拍摄运动中的羊群，既要保证足够的快门速度，也要让光圈偏小一些保证足够的景深范围。三角形的构图则让羊群在画面中更显突出。

为了增强羊毛的质感，可以考虑借用逆光的光源，也就是说在日出或者日落的时候进行拍摄，这时太阳的位置低，如果羊位于太阳与拍摄者之间，阳光就会勾勒出羊的轮廓，增强毛发质感。

快门：1/80s
光圈：f/7.1
ISO：100
测光模式：评价测光
曝光补偿：0.7EV

拍摄说明

采用 24mm 镜头拍摄，获得了兼顾羊与环境的画面，拍摄时稍稍仰视，可以避开地面上的许多杂物。

细微处的古灵精怪

昆虫

昆明四季温暖如春，除了四通八达的城市交通、林立的高楼，还有着四季都开不败的鲜花。由于温度的原因，昆明的昆虫种类十分丰富。

拍摄昆虫十分考验耐心，在时间方面，应该尽量选择凌晨，这个时间段，昆虫大多处于一种类似睡眠的状态，对周围环境的反应很迟钝，因此拍摄者可以更容易靠近它们。

在器材方面，拍摄昆虫除了使用微距镜头外，还可以使用一些增加近摄能力的附件。通常使用的有两种，一个是近摄镜，它就像是一片放大镜，可以将近距离的被摄体放大，将它安装到镜头前端，就可以拍摄到昆虫主体更大的照片，同时镜头的自动对焦功能也不受影响。另一个是近摄接圈，这种近摄的接圈中没有玻璃或类似玻璃的结构，因此安装上之后不会对成像质量有任何影响。将它安装到镜头的底部与卡口之间的位置，可以显著提高近距离拍摄能力，但无法使用自动对焦。

最佳拍摄时间　如果要拍摄昆虫，夏季比较好。**器材准备**　放大倍率 1.0X 的微距镜头是标准配置，此外还可以考虑使用各种近摄附件。

快门：1/125s
光圈：f/8.0
ISO：200
测光模式：评价测光
曝光补偿：0.0EV

拍摄说明

拍摄微距照片的时候，通常快门速度要设置得比较快，另外光圈也要尽量收缩，再加上最佳拍摄时间是凌晨，所以最好带上闪光灯进行补光。

使用放大倍率 1.0X 的微距镜头拍摄，如果觉得昆虫主体还是比较小，则需要使用近摄镜或接圈（左图）

使用了近摄接圈后，可以直接特写昆虫的复眼（右图）

快门：1/125s
光圈：f/8.0
ISO：200
测光模式：评价测光
曝光补偿：0.0EV

拍摄说明

拍摄昆虫时直接使用相机的内置闪光灯补光，也能获得很不错的照明效果。

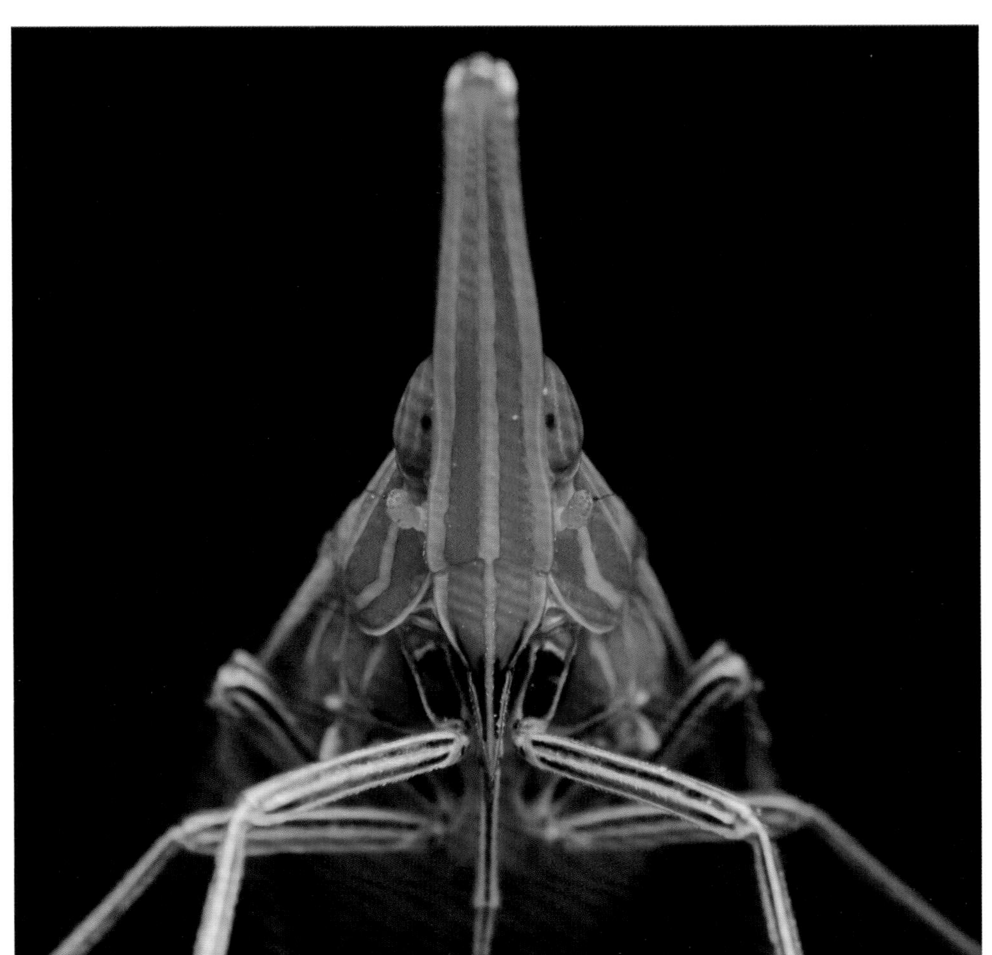

通常所说的夜景拍摄，主要是指城市的夜晚，很少拍摄自然风景中的夜景。夜景拍摄是比较复杂的，首先，拍摄者要学会控制快门速度，以获得满意的画面效果。简单来说，较快的快门速度可以让拍摄者手持相机拍摄出清晰的夜景照片；较慢的快门速度则可以获得一些特殊的画面效果，例如流动的汽车轨迹。但这种拍摄需要用三脚架来稳定相机，否则会出现画面模糊的情况。

其次，对于拍摄时机的把握也很重要。很多人认为夜景应该是天黑之后拍摄，其实不然。最好的拍摄时间是太阳落山之后的一小段时间内，那时天空中还有一些色彩与层次，而城市中的灯光也已亮起，二者相得益彰。

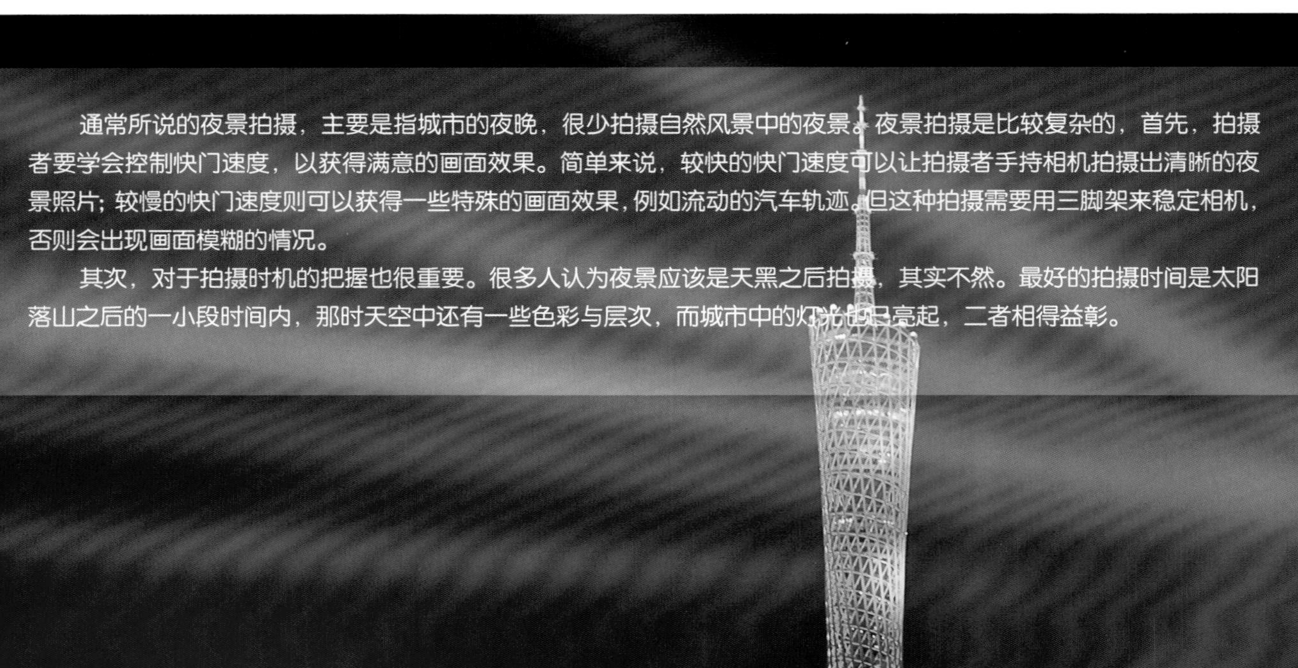

Chapter 10

边走边拍　绚丽夜景

四川盆地里的明珠

成都夜景

成都是一座有趣的城市，它兼具了古代与现代的建筑魅力，既有锦里、宽窄巷子等传统风格的古风建筑，又有现代风格的九眼桥、香格里拉酒店等，因此可以拍摄出多元化的夜景照片。

在宽窄巷子拍摄的时候，这里高高挂起的红灯笼非常漂亮。夜幕降临，这些灯笼将原本灰色的墙壁映成红色，形成很好的视觉效果。在构图的时候，抬高镜头以仰拍的方式取景虽然可以让地面上的游人消失，但会导致构图失衡，画面不稳，因此镜头不宜抬得过高。

最佳拍摄时间 春、秋季节的成都较为适宜旅行和拍摄。

器材准备 中焦或广角镜头，并同时具备大光圈。如果没有这种镜头，就携带一支三脚架作为支撑。

如左图所示，仰拍的方式避开了地面上的游人，但是没有地面的衬托，画面看上去有些失衡

快门：3s
光圈：f/8.0
ISO：100
测光模式：评价测光
曝光补偿：0.0EV

拍摄说明

将相机安装到三脚架上，然后设置较慢的快门速度，通过长时间曝光让地面的人物“消失”。

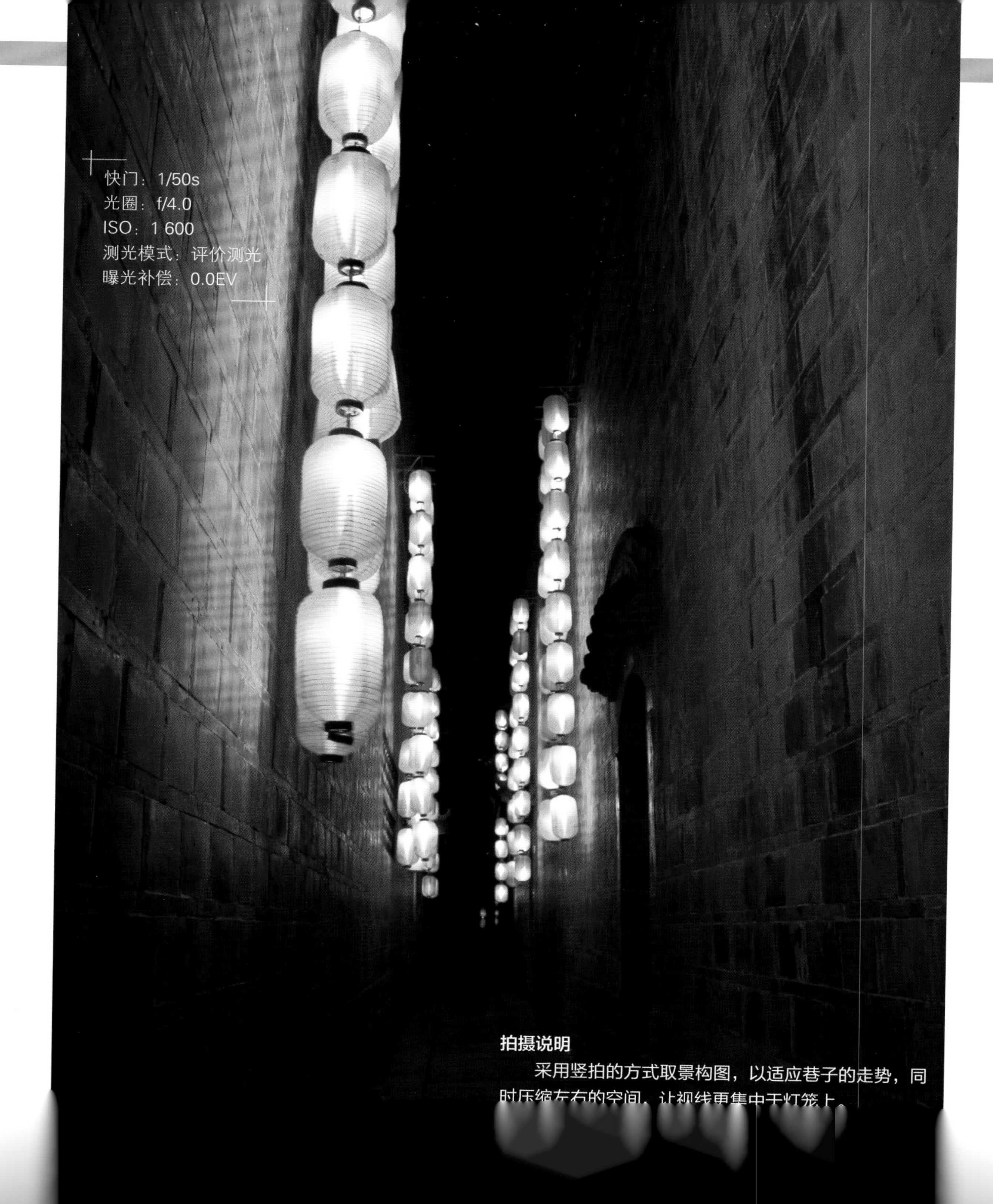

快门：1/50s
光圈：f/4.0
ISO：1 600
测光模式：评价测光
曝光补偿：0.0EV

拍摄说明

采用竖拍的方式取景构图，以适应巷子的走势，同时压缩左右的空间，让视线更集中于灯笼上。

快门：5s
光圈：f/16.0
ISO：100
测光模式：评价测光
曝光补偿：0.0 EV

拍摄说明

这里路灯产生的星芒具有一种视觉吸引力，观者先被星芒吸引了视线，然后视线顺着建筑物延伸。

夜景拍摄的时候有一个特殊的难点，那就是取景的时候，由于光线暗，很多细节拍摄者是看不见的，但是照片拍出来以后，通过长时间曝光，一些取景时没有注意到的细节就会浮现出来。因此拍摄完一张夜景照片后，一定要放大照片仔细检查一下。另外，拍摄的时候如果收缩一些光圈，可以让路灯产生漂亮的星芒效果，增强画面的视觉美感。

左组图，拍摄后仔细观察画面，就会发现在照片的边角处其实有一些杂物进入了画面，这大大影响了照片的美观性，因此这样的情况需要重新拍摄才行

快门：5s
光圈：f/16.0
ISO：100
测光模式：评价测光
曝光补偿：0.0EV

拍摄说明

仔细检查和巧妙的构图造就了完美的画面，通过小光圈让路灯产生了星芒效果。

冬日里的夜色

哈尔滨街头夜景

哈尔滨素有“东方莫斯科”的美称，因其美丽的冰雪世界而备受关注，其实除了白雪，哈尔滨的夜色也非常迷人。

夜晚扫街的话，一定要多注意构图技巧的运用，在画面中要有明确的视觉中心，或者是具有规律美感的线条。

最佳拍摄时间 冬季和夏季最佳，夏季可以避暑度假，冬季可以看银装素裹的冰雪世界。

器 材 准 备 夜晚扫街需要足够广的视角以及足够大的光圈，建议准备一支大光圈的 28mm 镜头。

画面中的建筑过于靠近中心位置，显得不够突出

重新调整了构图，画面中的建筑靠近黄金分割点，更容易突出

拍摄的一张有人物的建筑照片，影响了建筑的表现

耐心等待之后，拍摄了没有突出人物的建筑照片

快门：1/50s
光圈：f/4.0
ISO：1600
测光模式：评价测光
曝光补偿：0.0 EV

拍摄说明

通过一排排路灯，构成具有纵深感的画面，观者视线顺着画面中的路灯向远处延伸。

夜晚出门的人也比较多，在扫街的过程中，如果以建筑为主题，则可以减少人物出现。实际上只要耐心等待，通常是可以拍摄出人物较少甚至完全没有人物的照片的。之所以要这样做，是因为我们拍摄的主题是建筑，而人物的出现很可能会分散观者的注意力。

除了耐心等待时机外，也可以运用一些拍摄技巧来让画面中的人物弱化，例如前面介绍过的长时间曝光拍摄方法。

扫街的时候，快门速度要足够快才能保证画面的清晰。所以，通常要使用较大的光圈，并且感光度要大胆提高，这种情况下，高噪点但清晰的照片要好于低噪点但模糊的照片。

拍摄说明

在闹市街口的小店门口拍摄，耐心等到路人离去后，拍摄了没有人物的街头照片，使建筑得以突出。

快门：1/80s
光圈：f/4.0
ISO：1 600
测光模式：评价测光
曝光补偿：0.0 EV

夜色中的巍峨壮美

圣·索菲亚大教堂夜景

圣·索菲亚教堂始建于1907年3月，原为沙俄东西伯利亚第四步兵师修建中东铁路的随军教堂，1932年11月25日落成，成为远东地区最大的东正教教堂。

这座教堂的建筑工艺堪称精湛，拍摄的时候，可以使用长焦镜头将建筑高处拉近，展现建筑表面的细节。拍摄时，相机在三脚架上需保持足够的稳定，并且即便使用了三脚架，也应该使用较快的快门速度。这是因为长焦镜头加上机身的重量比较重，再加上三脚架本身的材质会有轻微变形，可能会导致晃动，较快的快门速度可以让相机在这种轻微晃动中依然拍摄出清晰的照片来。

另外，要注意的是白平衡的设置问题，教堂采用的是暖色的白炽灯，在拍摄的时候，如果想保持这种暖色调，可以设置白平衡为日光，而不要采用自动白平衡。

最佳拍摄时间 若只是拍摄这栋建筑的话，可以说是四季皆宜。

器材准备 一支可变焦的长焦镜头方便构图，一个稳固的三脚架，快门线。

TIPS 小提示

拍摄夜景时使用快门线，可以避免按动相机快门按钮产生的震动，更有利于获得清晰的照片。

拍摄说明

变焦到长焦镜头，细致地刻画建筑的细节，快门速度稍稍提高，保证画面清晰。

快门：1/250s
光圈：f/4.0
ISO：100
测光模式：评价测光
曝光补偿：0.0 EV

拍摄说明

使用长焦镜头广角端拍摄，获得一个稍具有整体感的建筑顶端。

花城之光

广州夜景

> **最佳拍摄时间** 重大节庆日期间前往，但要注意避开人潮。
>
> **器 材 准 备** 焦距比较短的大光圈镜头。

广州不仅有很多美食，同时也是一座非常现代化的城市。广州夜晚的灯光非常漂亮，尤其是有重大节庆活动的时候，会有绚烂的灯光秀。

这些灯光会在天空中晃动，因此这时我们不能使用较慢的快门速度，否则会导致灯光在天空中形成大面积的色块，失去光束的感觉。针对这种情况，我们应该提高感光度，使用稍稍偏快一些的快门速度拍摄，这样光束才能在画面中呈现出原有的样子。

拍摄灯光秀的时候，要注意画面中应该有一个明确且吸引观者注意的主体，而不能被繁复的灯光迷惑。构图的时候，首先去掉灯光的元素进行思考，把灯光当作普通的夜景照片进行处理，找到一座比较突出的建筑作为主体。然后加入灯光的元素进行思考，考虑灯光照射的线条方向等问题。另外由于灯光的照射一直变化，所以可以适当运用连拍功能，以便抓拍到满意的画面。

拍摄的时候，我们还可以灵活运用白平衡来控制画面的色调。这里明确阐述一下这种操作的原理。白平衡功能的作用是校正光线产生的偏色，还原色彩。当我们进入自定义色温的白平衡功能后，输入色温值，其实是在告诉相机，当前环境

输入色温 2 800K，得到冷色调的画面，展现出清冷的画面感

输入色温 6 800K，得到暖色调的画面，产生一种炙热的感觉

拍摄说明

快门速度保持在 1/80s，基本可以确保光束在画面中有一个固定的形态，不至于变成色块。为了达到这个快门速度，不仅需要设置较大的光圈，还需要设置较高的感光度。

中光线的色温是多少。例如当我们输入 2 800K 的时候，就是在告诉相机，当前环境中的光线色温偏暖，于是相机会让整个画面的色调偏冷，从而获得准确的色彩还原。反之，如果输入 6 800K，就是在告诉相机，当前环境中的光线色温偏冷，于是相机会让整个画面的色调偏暖。总体来说，我们输入一个低色温值的时候，更容易得到冷色调画面；而输入一个高色温值的时候，则更容易得到暖色调画面。

拍摄的时候，要注意避免灯光直接射入镜头，这样不仅可能产生难看的眩光，破坏夜景画面的美感，强光还有可能损伤到相机的感光元件。

快门：1/80s
光圈：f/4.0
ISO：1 600
测光模式：评价测光
曝光补偿：0.0 EV

拍摄说明

建筑上的灯光呈现出暖色调，因此设置一个较高的色温值，获得暖色调的背景。

旅行安全指南

一、乘车（机、船）安全事项

游客旅行中乘车(机、船),为预防意外事故的发生,应特别注意:

1. 在乘车旅途中，请不要违章超速和超车行驶；不要将头、手、脚伸出窗外，以防发生意外。

2. 在离开车辆进行游览、就餐、购物时，要注意关好车窗，不要将贵重物品遗留在车内，应随身携带。

3. 游客乘坐飞机时，应注意遵守民航乘机安全管理规则。

二、住宿安全事项

1. 游客入住酒店后，应了解酒店安全须知，熟悉酒店的安全通道、安全楼梯的位置及安全转移的路线。

2. 注意检查酒店为你配备的用品是否齐全，有无破损，如果不全或破损，请立即向酒店服务员或导游报告。

3. 不要将自己住宿的酒店、房间随便告诉陌生人，不要让陌生人或自称酒店维修人员的人随便进入房间；出入房间要锁好房门，睡觉前注意房门、窗是否关好，保险锁是否锁上；物品最好放在身边，不要放在靠窗的地方。

4. 游客需要外出时，在酒店总台领一张饭店房卡，卡上有饭店地址，电话，如果你迷路时，可以按卡片上的地址询问或搭出租车，就会安全顺利回到住所。

5. 如遇紧急情况，不要慌张。发生火灾时不要搭乘电梯或随意跳楼，镇定地判断火情，主动地实行自救。若身上着火，可就地打滚或用重衣服压火。必须穿过有浓烟的走廊、通道时，用浸湿的衣服披裹身体，捂着口鼻贴近地面顺墙爬。大火封门无法逃出时，用浸湿的衣服披裹身体、用被褥堵门缝或泼水降温，等待救援或摇动鲜艳的衣服呼唤援救人员。

三、饮食卫生安全检查注意事项

在旅游期间，旅客要十分注意饮食卫生，避免中毒，预防胃肠道疾病的发生。

1. 在旅游期间购买食物需注意商品质量，不要购买“三无”（无生产厂家、生产日期、厂家地址）商品，发生食物不卫生或有异味的情况，切勿食用。

2. 出门旅游，应随身携带矿泉水及干粮等食品，以备不时之需。注意请勿喝生水和不洁净的水。

3. 不要接受陌生人送的香烟、食物和饮品，防止被他人暗算。

4. 旅游期间要合理饮食，不要暴饮暴食。

5. 为防止在旅途中水土不服，游客应自备一些常用药品，以备不时之需。切勿随意服用陌生人所提供的药品。

6. 喜欢喝酒的旅客在旅途中要控制自己的酒量，若出现酗酒闹事、扰乱社会秩序、侵犯他人或造成第三方财物损失的，一切责任由肇事者承担。

7. 牢记自己的饮食禁忌，不盲目尝鲜、贪吃、乱吃。

8. 要避免流行病传播季节在流行病传播地区停留。

9. 要做好预防措施，携带一些常用必备药品。

四、游览观景安全事项

游客在游览观景时，为预防事故和突发性疾病的发生，应特别注意：

1. 听取当地导游有关安全的提示和忠告。

2. 经过危险地段（如陡峭、狭窄的山路、潮湿打滑的道路等）时不可拥挤，前往险峻观光地点时应充分考虑自身的条件是否可行，不要强求和存侥幸心理。

3. 登山或参与活动中应注意适当的休息，避免过于激烈的运动，同时做好防范工作。

4. 在水上（包括江河、湖海、水库）游览或活动时注意乘船安全，不单独前往深水域或危险河道。

5. 乘坐缆车和其他载人观光工具时，应服从景区工作人员安排，遇超载、超员或其他异常时，千万不要乘坐，以免发生危险。

6. 游览期间，游客不要独行，如果迷失方向，原则上应原地等候救援。带小孩的游客，需看管好自己的小孩，不能让小孩单独行动，注意安全。

五、观光安全注意事项

1. 在拍照、摄像时注意往来车辆和是否有禁拍标志，不要在设有危险警示标志的地方停留。

2. 遇到山高、水急、林密、偏远的景区，最好结伴而行，切勿盲目独行。

3. 在热闹拥挤的场所，注意保管好自己的钱包、贵重的物品。

4. 去民风强悍的国家和地区，夜晚千万不要独自外出。在没有人陪伴的情况下，不要独自去酒吧等娱乐场所。

5. 即使身处毒品合法的国家，也要远离毒品，要有自己的底线。不接受陌生人搭讪，防止人身侵害。

6. 要尊重所在国和地区的风俗习惯、宗教信仰，避免因言行举止不当引发纠纷。

7. 遇到地震等自然灾害或政治动乱、战乱、突发恐怖事件或意外伤害时，要冷静处理并尽快撤离危险地区，并及时报告我国驻所在国领使馆或与国内有关部门联系寻求营救保护。

出境游安全须知

一、证件安全注意事项

护照、签证、身份证、信用卡、机票、船票、车票及文件等是出国（境）旅游的身份证明和凭据，必须随身携带，妥善保管。

1. 要把原件放在贴身的内衣口袋中。

2. 要在出发前各复印一份放在手提包中。

3. 遇到有人检查证件时，不要轻易应允，要有礼貌地请对方出示其身份或工作证件，否则应予拒绝。如对方是警察，可在检查中记下其证件号、胸牌号和车号，以防万一。

4. 证件一旦遗失或被偷被抢，要立即向警方报案，同时请警方出具书面遗失证明，向所在国申请出境签证并向我国驻所在国领使馆提出补办申请。

5. 要严格遵守有关国际公约和出境游目的地国家（地区）的入境法规，不得携带违禁药品，不得参与目的地国家（地区）禁止从事的活动，携有大量现金或特殊药品出入境时，要按规定如实申报。

二、钱物安全注意事项

1. 出境期间不要携带大量现金和贵重物品，尽可能少携带现金，代之以信用卡或旅行支票。出游前可在国内兑换一些小额货币，用于在目的地小额消费，如打电话、上厕所和支付小费。

2. 不要把现金和贵重物品放在托运行李、外衣口袋或易被割破的手提包中，贵重物品可存放在宾馆总服务台和房间的保险箱中（须保管好凭据、钥匙并记住保险箱密码）。

3. 如发现钱物丢失或被偷盗，要立即报警。如在机场丢失，要速到机场失物招领部门登记或索取丢失证明以备索赔之需。

三、安全注意事项

1. 要熟悉所在国的交通信号标志，遵守交通规则，不要强行抢道，也不要随意横穿马路。

2. 在乘坐飞机或乘车时要系好安全带，在大多数国家不系安全带会被罚款。

3. 在乘坐船、快艇等水上交通工具时，要穿救生衣（圈）。

4. 万一发生交通事故，不要惊慌，要采取自救和互救措施，保护事故现场，并速报告警方。

5. 在国外不要露财，金银首饰最好收起来不要戴，以防被不法分子盯上；要低调，不要当众数钱。

应对旅行中的急性病

晕倒昏厥

千万不可随意搬动患者，应首先观察其心跳和呼吸是否正常。若心跳、呼吸正常，可轻拍患者并大声呼唤使其清醒。如患者无反应则说明情况比较严重，应使其头部偏向一侧并稍放低，取后仰头姿势，然后采取人工呼吸和心脏按压的方法进行急救。

关节扭伤

切忌立即搓揉按摩，应马上用冷水或冰块冷敷约15分钟，然后，用手帕或绷带扎紧扭伤部位；也可就地取材用活血、散瘀、消肿的中药外敷包扎。

急性肠胃炎

旅游中由于食物或饮水不洁，极易引起各种急性胃肠道疾病。如出现呕吐、腹泻和剧烈腹痛等症状，可口服痢特灵、黄连素等药物，或将大蒜拍碎服下。

中暑

夏日旅行，或是前往炎热地区和国家旅行，易导致中暑，此时应立即转移到通风、凉爽的地方休息，并服用仁丹、十滴水，或在太阳穴、人中处涂风油精。最好充分休息，不要勉强行走。

心绞痛

有心绞痛病史的患者，出外游玩应随身携带急救药品。如遇到有人发生心绞痛，先不可搬动患者，要迅速给予硝酸甘油让其含于舌下。

胆绞痛

旅游途中若摄入过多的高脂肪和高蛋白饮食，容易诱发急性胆绞痛。患者发病后应静卧于床，并用热水袋在其右上腹热敷，也可用拇指压迫刺激足三里穴位，以缓解疼痛。

哮喘

奔波劳累，可能会诱发或加重旅游者的哮喘病症。病人首先应采取半卧位，并用布带轮流扎紧患者四肢中的三肢，每隔5分钟1次，这样可减少进入心脏的血流量，减轻心脏的负担。

胰腺炎

有些人在旅游时由于暴饮暴食而诱发胰腺炎。发病后患者应严格禁止饮水和饮食。可用拇指或食指压迫足三里、合谷等穴位，以缓解疼痛，减轻病情并及时送医院救治。

急性高原反应

在海拔3 000米以上的地区，气压低，空气中氧的浓度也低，易导致人体缺氧，引起高原病。患者会产生头痛、头昏、心悸、恶心、失眠等症状，并伴有口唇发紫及面部浮肿。此时，应立即原地休息，使用吸氧装备提高氧气供给，情况允许时，应返回海拔较低的地区。

本图书是由北京出版集团有限责任公司依据与京版梅尔杜蒙（北京）文化传媒有限公司协议授权出版。

This book is published by Beijing Publishing Group Co. Ltd. (BPG) under the arrangement with BPG MAIRDUMONT Media Ltd. (BPG MD).

京版梅尔杜蒙（北京）文化传媒有限公司是由中方出版单位北京出版集团有限责任公司与德方出版单位梅尔杜蒙国际控股有限公司共同设立的中外合资公司。公司致力于成为最好的旅游内容提供者，在中国市场开展了图书出版、数字信息服务和线下服务三大业务。

BPG MD is a joint venture established by Chinese publisher BPG and German publisher MAIRDUMONT GmbH & Co. KG. The company aims to be the best travel content provider in China and creates book publications, digital information and offline services for the Chinese market.

北京出版集团有限责任公司是北京市属最大的综合性出版机构，前身为 1948 年成立的北平大众书店。经过数十年的发展，北京出版集团现已发展成为拥有多家专业出版社、杂志社和十余家子公司的大型国有文化企业。

Beijing Publishing Group Co. Ltd. is the largest municipal publishing house in Beijing, established in 1948, formerly known as Beijing Public Bookstore. After decades of development, BPG has now developed a number of book and magazine publishing houses and holds more than 10 subsidiaries of state-owned cultural enterprises.

德国梅尔杜蒙国际控股有限公司成立于 1948 年，致力于旅游信息服务业。这一家族式出版企业始终坚持关注新世界及文化的发现和探索。作为欧洲旅游信息服务的市场领导者，梅尔杜蒙公司提供丰富的旅游指南、地图、旅游门户网站、APP 应用程序以及其他相关旅游服务；拥有 Marco Polo、DUMONT、Baedeker 等诸多市场领先的旅游信息品牌。

MAIRDUMONT GmbH & Co. KG was founded in 1948 in Germany with the passion for travelling. Discovering the world and exploring new countries and cultures has since been the focus of the still family owned publishing group. As the market leader in Europe for travel information it offers a large portfolio of travel guides, maps, travel and mobility portals, apps as well as other touristic services. It's market leading travel information brands include Marco Polo, DUMONT, and Baedeker.